编委会

国家高技能人才
培训教程

C51 单片机
一体化实训教程

C51 DANPIANJI
YITIHUA SHIXUN JIAOCHENG

主　编　忽建蕊
副主编　钱　伟　王　睿

云南大学出版社
YUNNAN UNIVERSITY PRESS

图书在版编目（CIP）数据

C51 单片机一体化实训教程 / 忽建蕊主编 . —— 昆明：
云南大学出版社 , 2020
国家高技能人才培训教程
ISBN 978-7-5482-4143-0

Ⅰ . ① C… Ⅱ . ①忽… Ⅲ . ①单片微型计算机—高等
职业教育—教材 Ⅳ . ① TP368.1

中国版本图书馆 CIP 数据核字 (2020) 第 192390 号

策　　划：朱　军　孙吟峰
责任编辑：蔡小旭
装帧设计：王婳一

国家高技能人才培训教程

C51 单片机
一体化实训教程

主　编　忽建蕊
副主编　钱　伟　王　睿

出版发行：云南大学出版社
印　　装：昆明理煋印务有限公司
开　　本：787mm×1092mm　1/16
印　　张：9
字　　数：202 千
版　　次：2020 年 11 月第 1 版
印　　次：2020 年 11 月第 1 次印刷
书　　号：ISBN 978-7-5482-4143-0
定　　价：45.00 元

社　　址：云南省昆明市翠湖北路 2 号云南大学英华园内（650091）
电　　话：（0871）65033307　65033244
网　　址：http://www.ynup.com
E - mail：market@ynup.com

前　言

　　单片机就是"微控制器"，是嵌入式系统中的重要成员，也是众多产品、设备的智能化核心。目前，单片机的应用已经渗透人们生活的各个领域。学习单片机的最终目的是将其应用于实际系统设计中。本书以 AT89 系列单片机为代表机型，介绍了 51 单片机的基础知识、Keil C 开发工具和虚拟仿真软件 Proteus 的使用方法。本书的实训项目选用亚龙科技集团的产品"YL-236 型单片机控制功能实训考核装置"作为实训设备。在此设备上开展单片机教学，有助于学生培养独立完成工作任务的能力，提高职业院校单片机课程的整体教学水平。

　　本书共有 5 个项目、15 个学习任务，按照项目导向、任务驱动等模式进行教学，引导学生利用 C 语言编写程序完成实训项目。本书在编写中体现了学生为主体、教师为主导的教学思想。

　　本书在编写过程中力求突出以下 3 个特点：

　　（1）打破传统章节段落设计，以单片机学习中各项技能模块为主线，每个项目模块相对独立，但又前后衔接，循序渐进，便于学生有效地复习和巩固所学的知识，有针对性地进行组合训练，让学生在教、学、做一体化的过程中，掌握专业技能和相关专业知识。

　　（2）本书内容尽可能多地介绍新知识、新器件、新技术。本书强调实用性、典型性和程序编写的规范性，根据产品使用功能制作项目，提高学生的学习兴趣，让学生掌握操作技能，便于让学生更好地走上工作岗位。

（3）软件仿真配合硬件实操，方便原理演示，展现项目工程实际场景，使学习者容易理解，学以致用。

由于编者水平有限，加之编写时间仓促，书中难免存在疏漏和不妥之处，恳请广大读者和业内同行批评指正。

编 者

2020 年 5 月

目　录

项目一　51单片机系统开发知识

任务 1　YL-236型单片机实训平台的使用

◇任务要求◇

利用 YL-236 型单片机实训平台搭建单片机控制灯光系统电路，点亮一只发光二极管（LED）。电路原理图如图 1-1 所示。

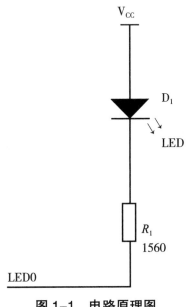

图 1-1　电路原理图

◇任务准备◇

一、YL-236型单片机实训平台简介

学习单片机原理与编程最有效的方法是理实一体，以项目实施为核心，理论学习为技能操作服务。本书选择亚龙科技集团开发的 YL-236 型单片机实训平台作为硬件

实训设备。

YL-236 型单片机实训平台采用实训桌加功能模块的结构设计，模块采用标准结构，可根据需要移动布局。模块的输入、输出、数据转换接口以电子连接线插孔或插针的形式引出，每个模块都具有两种接线方式，连接过程方便快捷。插孔用于电子连接线连接，如果有 8 位数据总线时还可以用杜邦线排线连接。对于具有干扰性质的元器件，全部采用光电隔离装置隔离，确保系统的安全、稳定。

YL-236 型单片机实训平台的功能模块主要包括主机模块、仿真器模块、电源模块、显示模块、继电器模块、指令模块、ADC/DAC 模块、交直流电动机控制模块、步进电动机控制模块、传感器配接模块、扩展模块、温度传感器模块以及智能物料搬运装置模块等。

二、单片机系统电路的搭建

在 YL-236 型单片机实训平台上搭建电路是指根据任务内容选取需要的功能模块，并按照电路原理图使用电子连接线连接电路。根据功能模块提供的接口类型、电子连接线可分为单根公口连接线和 8 根母口排线。一般来说，数据信号线使用 8 根母口排线连接，其他导线使用单根公口连接线连接。根据在单片机电路中传输信号的类型，电子连接线可分为电源线和数据线。每一块功能模块的下边缘处都会有标号为 "+5 V" 和 "GND" 的接线插孔，称为电源线接线端子，其他接口均可称为数据线接线端子。通常，电源线正极使用红色电子连接线，电源线负极使用黑色电子连接线，数据线使用其他颜色电子连接线。

在搭建单片机系统电路前应确保电源总开关关闭，以防止电子连接线之间不小心接触引起电源短路，以及带电插拔电子连接线造成单片机接口损坏。在搭建单片机系统电路时，应按照 "走线最短" 原则进行模块布局，相关模块排布在 YL-236 型单片机实训平台的模块轨道上。确定好模块位置后，先连接各模块的电源线，再沿信号流向连接数据线。在连接电子连接线时，同一接线端子上的电子连接线不得超过 2 根。连线结束时，应对照电路原理图再次核对是否有漏接、错接之处，确认无误后，使用塑料绑线分别整理电源线和数据线。

三、单片机程序下载

YL-236 型单片机实训平台使用 YL-ISP 在线下载器在线下载程序，操作步骤如下：

（1）连接 YL-ISP 在线下载器，将在线下载器的排线与主机模块的 ISP 下载接口相连，并将在线下载器的 USB 接口与计算机的 USB 接口相连。

（2）启动 YL-ISP 在线下载器程序，检测下载器的连接状态。

（3）单击 "选择器件" 下拉按钮，选择需要的芯片型号。

（4）单击 "调入 Flash 文件" 栏下的文件夹图标调入可执行文件（扩展名为 .hex），文件会自动加载。

（5）单击 "自动编程" 按钮，写入程序，写入成功后信息输出列表框中会反馈

"操作成功"字样。

◇任务实施◇

一、硬件电路搭建

分析单片机控制灯光系统电路，在YL-236型单片机实训平台上选取主机模块、电源模块和显示模块，搭建单片机控制灯光系统测试电路。

1. 模块选择

本任务所需要的模块具体如表1-1所示。

表1-1 本任务所需要的模块

编号	模块代码	模块名称	模块接口
1	MCU01	主机模块	+5 V、GND、P1
2	MCU02	电源模块	+5 V、GND、
3	MCU04	显示模块	+5 V、GND、LED1~LED8

2. 工具和器材

本任务所需要的工具和器材如表1-2所示。

表1-2 工具和器材

编号	名称	型号及规格	数量	备注
1	数字万用表	MY-60	1台	专配
2	斜口钳		1把	
3	电子连接线	50 cm	20根	红色、黑色线各3根；其他颜色线14根
4	塑料绑线		若干	

3. 电路搭建

结合YL-236型单片机实训平台主机模块和显示模块，绘制如图1-2所示的电路接线图。

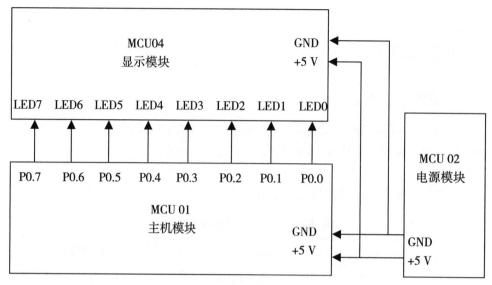

图 1-2　电路接线图

二、程序代码的编写、编译

（1）启动 Keil C 编程软件，新建工程、文件均以"LED"为名保存在文件夹中。

（2）在 LED.c 文件的文本编辑器窗口中输入以下程序代码。

```
#include<reg52.h>        // 头文件包含
sbit  LED0=P0^0;          // 定义符号 LED0 为单片机的 P0.0 引脚
void  main（）            // 主函数开始
{
LED0=0;                   // P0.0 输出低电平，灯亮；P0.0 输出高电平，灯熄灭
While（1）;               // 死循环
}
```

（3）编译源程序，排除程序输入错误，生成 LED.hex 文件。

三、系统调试

系统的调试步骤如下：

（1）使用程序下载专配 USB 线将计算机的 USB 接口与单片机主机模块程序下载接口连接起来。

（2）打开电源总开关，启动程序下载软件，下载可执行文件至单片机中。

（3）观察 LED，若实现任务要求，则系统调试完成；否则，需要进行故障排除。

◇任务评价◇

一、工艺性评分标准

工艺性评分标准如表1-3所示。

表1-3 工艺性评分标准

评分项目	分值	评分标准	自我评分	组长评分
模块导线连接工艺（20分）	3	模块选择多于或少于任务要求的，每项扣1分，扣完为止		
	3	模块布置不合理，每个模块扣1分，扣完为止		
	3	电源线和数据线未进行颜色区分，导线选择不合理，每处扣1分，扣完为止		
	5	导线走线不合理，每处扣1分，扣完为止		
	3	导线整理不美观，扣除1~3分		
	3	导线连接不牢固，同一接线端子上连接多于2根的导线，每处扣1分，扣完为止		
小计（此项满分80分，最低0分）				

二、功能评分标准

功能评分标准如表1-4所示：

表1-4 功能评分标准

项目	评分项目	分值		评分标准	自我评分	组长评分
提交	电路搭建	70	40			
	程序加载		30			
基本任务	电源总开关控制	10	5			
	调试		5			
小计（此项满分80分，最低0分）						

C51 单片机一体化实训教程

任务 2　Proteus 仿真软件的使用

◇任务要求◇

使用 Proteus 仿真平台搭建单片机控制灯光系统电路，并加载给定程序进行仿真。

◇任务准备◇

一、Proteus 工作界面

安装好 Proteus 仿真软件后，双击桌面上的 ISIS 7 Professional 快捷方式图标或选择"开始"→"所有程序"→"Proteus 7 Professional"→"ISIS 7 Professional"命令，出现图 1-3 所示的启动界面，进入 Proteus 仿真集成环境。

Proteus 仿真软件的工作界面采用标准的 Windows 界面，如图 1-3 所示。工作界面包括标题栏、菜单栏、工具栏、对象选择按钮、仿真运行控制按钮、对象预览方向调整按钮、对象预览窗口、对象选择窗口、电路原理图编辑窗口。

图 1-3　Proteus 启动界面

二、Proteus 基本操作

1. 查找、添加元器件

在对象选择按钮中单击"Component Mode"按钮，再单击"P"按钮，弹出"Pick Devices"对话框，在"Keywords"文本框中输入需要查找的元器件，系统会自动搜索元件库并将搜索结果显示在"Results"列表框中。双击所需要的元器件，添加到对象选择窗口中。

2. 放置元器件

放置元器件前，可以对元器件的方向进行调整。调整好后，就可以在电路原理图编辑窗口中放置元器件了。

3. 元器件布局

在电路原理图编辑窗口中放置好元器件后，可以通过元器件移动、元器件删除、元器件调整等功能进行布局。

4. 电路布线

Proteus 仿真软件具有智能化布线功能，在连线时进行自动检测，当鼠标指针靠近元器件的引脚时，鼠标指针就会变成带有红色虚线框的铅笔形状，表明找到了元器件引脚的连接点，单击并拖动鼠标开始画线；当鼠标指针靠近另一个元器件的引脚时，鼠标指针处会出现一个红色虚线框，表明找到了连接点，此时，单击即可完成一条连线。

5. 仿真运行

在进行模拟电路、数字电路仿真时，单击"仿真运行"按钮，按钮颜色由黑色变为深绿色，即可开始仿真。

◇任务实施◇

一、查找、添加元器件

启动 Proteus 仿真软件，查找、添加所需要的元器件。其中，由于 Proteus 仿真元件库未提供 AT89S52 单片机，因此本书在仿真时均使用 AT89C52 单片机代替，其他元器件代码可参考相关使用手册。

二、放置元器件

将对象选择窗口中的元器件进行初步方向调整，调整完成后将其放置到电路原理图编辑器窗口的适当位置。

三、电路布局

通过元器件的移动、调整进行电路布局。

四、放置电源

电路中除了电子元器件之外还涉及 +5 V 电源和接地，可利用 Proteus 仿真软件提供的接线端子选择功能进行选择，具体方法为单击"Terminals Mode"按钮，在对象选择窗口中将出现接线端。其中"POWER"是电源，"GROUND"是接地，与放置元器件的方法一样，可以把电源、接地放到电路原理图编辑窗口中的适当的位置。

五、元器件属性编辑

元器件的文本属性可以通过"Edit Component"对话框进行编辑，选中要编辑属性的元器件，可以改变元器件的标号，值、PCB 封装，并决定是否隐藏这些属性。

六、电路布线

按照电路原理图在 Proteus 仿真软件电路原理图编辑窗口中放置连线，完成布线。

七、程序加载

单片机应用系统仿真前，应先将应用程序目标文件载入单片机芯片。加载任务，编译成功后生成 LED.hex 文件。

八、仿真运行

单击"仿真运行"按钮，观察电路中 LED 灯的状态是否符合要求，若符合要求则表明仿真成功。

◇任务评价◇

一、工艺性评分标准

工艺性评分标准如表 1-5 所示。

表 1-5　工艺性评分标准

评分项目	分值	评分标准	自我评分	组长评分
元器件导线连接工艺	30	元器件选择多于或少于任务要求的，每项扣 5 分，扣完为止		
	15	元器件布局不合理，每处扣 5 分，扣完为止		
	15	元器件编号不正确，每处扣 2 分，扣完为止		
	10	导线走线不合理、不美观，每处扣 1 分，扣完为止		
小计（此项满分 70 分，最低 0 分）				

二、功能评分标准

功能评分标准如表 1-6 所示。

表 1-6　功能评分标准

项目	评分项目	分值	评分标准	自我评分	组长评分
提交	程序加载	20	能一次性正确完成程序加载得 20 分，若需要组长指导一次扣 10 分，扣完为止		
	仿真运行	10	能一次性仿真成功得 10 分，若需要组长指导一次扣 5 分，扣完为止		
小计（此项满分 30 分，最低 0 分）					

任务 3 Keil C51 软件的使用

◇任务要求◇

使用 Keil C51 集成开发软件编辑本项目任务一的参考程序，生成单片机可执行的十六进制文件，并利用本项目任务二的电路，验证程序是否实现相应功能。

◇任务准备◇

Keil C51 软件的使用

Keil C51 集成开发环境是以工程的方式来管理文件的，而不是单一文件的模式。所有的文件包括源程序（包括 C 程序、汇编程序）、头文件，甚至说明性的技术文档都可以放在工程项目文件里统一管理。在使用 Keil C51 软件前，应该习惯这种工程管理方式。对于使用 Keil C51 的新用户来说，一般按照以下步骤来创建一个自己的 Keil C51 应用程序。

（1）创建一个工程项目文件；

（2）为工程选择目标器件；

（3）为工程项目设置软硬件调试环境；

（4）创建源程序文件并输入程序代码；

（5）保存创建的源程序项目文件；

（6）把源程序文件添加到项目中。

◇任务实施◇

一、硬件电路搭建

硬件电路使用本项目任务二搭建的电路，电路的搭建过程可参考本项目的任务二。

二、程序代码编写、编译

安装好 Keil C51 软件后，双击桌面上的 Keil C51 快捷方式图标，打开如图 1-4 所示的启动界面，进入 Keil C51 运行环境。

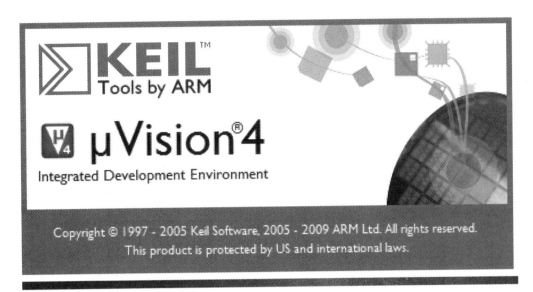

图 1-4 Keil C51 启动界面

1. 新建工程

（1）新建文件夹，在指定路径下新建文件夹并命名，如 E：\test\LED。

（2）启动 Keil C51 软件，选择 "Project → New Project" 命令，选择保存工程文件的文件夹为 "E：\ test \ LED"，输入工程文件名，如 "LED"，单击 "保存" 按钮。

（3）选择 CPU，在 CPU 选择界面选择 Atmel 公司生产的 AT89C52（代替 AT89S52）单片机。

（4）选择是否添加启动程序，这里不使用系统提供的启动程序代码，因此单击 "否" 按钮。

2. 新建文件

（1）新建文件，选择 "File → New" 命令，系统会自动新建一个名为 "Test1" 的文本文件。

（2）保存文件，选择 "File → save" 命令，在弹出的 "Save As" 对话框中选择保存程序文件的保存路径，默认为保存在文件夹 E：\test\LED 中。输入新建文件的文件名 LED 时，如果采用汇编语言编程，则文件的扩展名为 "LED.asm"；如果采用 C 语言编程，则文件的扩展名 "LED.c"。

（3）加载文件，观察工作界面的工程管理窗口，会发现文件 "LED.c" 并没有在工程中，这时需要将文件加载到工程中。

（4）编写及编译程序在程序文件的编辑界面输入程序代码，并进行编译。如果编译成功，会生成可执行文件 ×××.HEX。编译后，编译结果会展现在信息输出窗口。信息输出窗口的最后一行，如果提示 "0 Errors（s），0 Warning（s）"，则表示编译成功。

C51 单片机一体化实训教程

三、系统调试

系统调试的步骤如下：

（1）使用程序下载专配 USB 线将计算机的 USB 接口与单片机主机模块程序下载接口连接起来。打开电源总开关，启动程序下载软件，下载可执行文件至单片机中。

（2）观察 LED 灯状态，若实现本项目任务二的要求，则系统调试完成；否则，需要进行故障排除。故障排除时需要具体问题具体分析，单片机系统的故障排除主要从硬件和程序两个方面考虑，按照"先硬件后程序"的原则逐一排查。

◇**任务评价**◇

一、工艺性评分标准

工艺性评分标准如表 1-7 所示。

表 1-7　工艺性评分标准

评分项目	分值	评分标准	自我评分	组长评分
模块导线连接工艺	3	模块选择多于或少于任务要求的，每项扣 1 分，扣完为止		
	3	模块布置不合理，每处扣 1 分，扣完为止		
	3	电源线和数据线进行颜色区别，导线连接不合理，每处扣 1 分，扣完为止		
	5	导线走线不合理，每处扣 1 分，扣完为止		
	3	导线整理不美观，扣除 1~3 分		
	3	导线连接不牢固，同一接线端子上连接导线多于 2 根的，每处扣 1 分，扣完为止		
小计（此项满分 20 分，最低 0 分）				

二、功能评分标准

功能评分标准如表 1-8 所示。

表 1-8　功能评分标准

项目	评分项目	分值	评分标准	自我评分	组长评分
提交	程序存储	10	程序存放在指定位置且格式正确得 6 分		
	程序加载		组长评分前能正确将程序下载到芯片中得 4 分		

续表

项目	评分项目	分值		评分标准	自我评分	组长评分
过程考核	新建工程	60	20	过程正确得 20 分，错误一步扣 5 分		
	新建文件		10	过程正确得 10 分，错误一步扣 5 分		
	加载文件		10	过程正确得 10 分，错误一步扣 5 分		
	代码输入		10	输入正确得 20 分，错误一步扣 2 分		
	编译		10	过程正确得 10 分，错误一步扣 5 分		
调试	电源总开关控制	10	5	组长评分前电源总开关关闭得 5 分		
	观察任务效果		5	听到组长"开始调试"指令后，打开电源总开关，灯光系统按任务要求工作得 5 分		
小计（此项满分 80 分，最低 0 分）						

项目二　51 单片机的认知及其小系统制作

任务 1　51 系列单片机结构与原理的认知

◇**任务要求**◇

了解单片机的相关常识，掌握 AT89S52 单片机的构造与原理。

◇**任务准备**◇

一、AT89S52 单片机的基本组成

单片机，全称单片微型计算机，就是在一块芯片上集成了微处理器（CPU）、程序存储器（ROM）、数据存储器（RAM）、定时 / 计数器以及多种 I/O 接口电路的具有一定规模的微型计算机，因最早被应用在工业控制领域，所以又被称为微控制器。

AT89S52 单片机内部结构框图如图 2-1 所示。

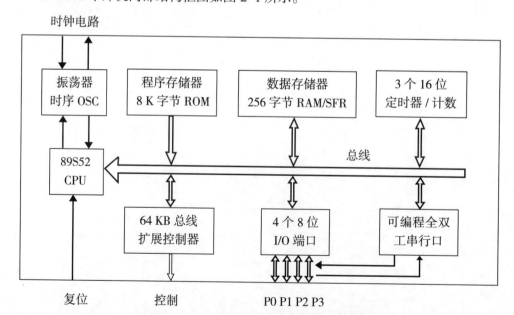

图 2-1　AT89S52 单片机内部结构框图

AT89S52 单片机内部包括：

（1）一个 8 位微处理器（CPU），是单片机的运算和指挥中心。

（2）片内 8 K 字节程序存储器（ROM），用于存放程序、原始数据及表格。

（3）片内 256 字节数据存储器（RAM），用于存放临时数据，如运算的中间结果及欲显示数据。

（4）4 组 8 位并行输入 / 输出端口（I/O 端口）P0~P3，每个端口均有 8 条 I/O 线，用于与外部交换信息。

（5）3 个 16 位的定时器 / 计数器，均可以根据需要设为定时器或计数器使用。

（6）1 个 6 向量 2 级中断结构，6 个中断源和 2 个中断优先级。中断源分别是两个外部中断（INT0 和 INT1）、三个定时中断（定时器 0、1、2）和一个串行口中断。

（7）1 个全双工 UART（通用异步接收发送器）的串行 I/O 口。

（8）片内晶振及时钟电路。

二、AT89S52 单片机的中央处理器（CPU）

中央处理器（CPU）也称微处理器，是单片机的核心部件，也是单片机的控制和指挥中心。它主要包含运算器和控制器两部分。

1. 运算器

运算器可以对数据进行算术运算、逻辑运算和位操作运算。运算器包括算术逻辑运算单元 ALU、累加器 A、通用寄存器 B、暂存器、程序状态字寄存器 PSW 等。

（1）算术逻辑运算单元 ALU：可进行 4 位（半字节）、8 位（全字节）、16 位（双字节）数据的加、减、乘、除、加 1、减 1 等算术运算，逻辑与、或、异或、求补等逻辑运算，以及数据的位操作。

（1）累加器 A：8 位寄存器。通常，存储的一个运算数经暂存器 2 进入 ALU 的输入端，与另一个来自暂存器 1 的运算数进行运算，运算结果又被送回累加器 A，即运算前放操作数，运算后放操作结果，是单片机中最忙碌的一个寄存器。

（3）通用寄存器 B：8 位寄存器。在乘、除运算之前存放乘数或除数，运算之后存放乘积的高 8 位或除法的余数，也可作为一般存储器使用。

（4）程序状态字寄存器 PSW：8 位标志寄存器。用于存放指令执行后的状态信息，供程序查询和判别使用。

2. 控制器

控制器由程序计数器 PC、指令寄存器 IR、指令译码器 ID、振荡器及定时电路等组成。

（1）程序计数器 PC：16 位寄存器，用于存放将要执行的下一条指令的地址，能自动加 1。

（2）振荡器及定时电路：AT89S52 单片机片内有振荡电路，只需外接石英晶体和频率微调电容就可产生脉冲信号。CPU 在这种基本节拍的控制下发出控制信号，协调各部件的工作。

三、AT89S52 单片机的存储器

AT89S52 单片机内部的存储器分为两种：程序存储器 ROM 和数据存储器 RAM。

程序存储器 ROM 用于存放程序、原始数据或表格，可在线编写程序，掉电后数据保持不变。

数据存储器 RAM 用于存放运算的中间结果、最终结果或欲显示的数据等，其数据可随时改写，掉电后数据消失。

AT89S52 单片机存储器空间配置如图 2-2 所示。

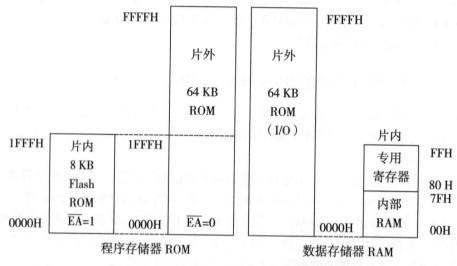

图 2-2　AT89S52 单片机存储器空间配置

1. 程序存储器

AT89S52 单片机片内程序存储器 ROM 有 8 K 字节，其地址为 0000H~1FFFH；片外可接扩展程序存储器 ROM，最大达 64 K 字节，地址为 0000H~FFFFH，片内外统一编址。CPU 访问片内、片外程序存储器 ROM 时用 MOVC 指令。

当引脚（31 脚）接低电平（接地）（等于 0）时，AT89S52 单片机片内 ROM 不起作用，CPU 只能从片外 ROM（0000~FFFF）中取指令。

当引脚接高电平（等于 1）时，AT89S52 单片机的程序计数器 PC 只在 0000H~1FFFH 内执行片内 ROM 中的指令。只有当 PC 的值超过 1FFFH 后，CPU 才自动转到片外 ROM 相应的地址（2000H~FFFFH）取指令。

系统在程序存储器低端的一些固定存储单元是特定程序的入口地址：

● 0000H：单片机上电复位后主程序的入口地址；

● 0003H：外部中断 0 的中断服务程序入口地址；

● 000BH：定时器 0 的中断服务程序入口地址；

- 0013H：外部中断 1 的中断服务程序入口地址；
- 001BH：定时器 1 的中断服务程序入口地址；
- 0023H：串行通信的中断服务程序入口地址；
- 002BH：定时器 2 的中断服务程序入口地址。

当单片机上电复位后，程序计数器 PC 中的内容清零（PC=0000H），所以 CPU总是从 0000H 单元开始执行程序。通常在该单元中存放一条绝对转移指令（如 LJMP 0030H），指明用户程序所在的单元地址（0030H），则 CPU 会跳转到该地址执行主程序。

除 0000H 单元外，其他的 6 个特殊单元分别存放着单片机 6 种中断源的中断服务程序入口地址。编程时，通常在这些单元中存放一条绝对转移指令，而真正的中断服务程序是从转移地址开始存放的。当发生中断时，CPU 会根据指令指示的地址在程序存储器相应的区域找到中断服务程序并执行。

2. 数据存储器

AT89S52 单片机片内数据存储器 RAM 有 256 字节，其地址为 00H~FFH；片外可接扩展数据存储器 RAM，最大达 64 K 字节，地址为 0000H~FFFFH。访问片内 RAM 时用 MOV 指令，访问片外 RAM 时用 MOVX 指令。

AT89S52 单片机数据存储器结构如表 2-1 所示。

表 2-1　AT89S52 单片机数据存储器结构

0FFH 80H	高 128 B 通用 RAM 区				
7FH 30H	通用 RAM 区				
2FH 20H	位寻址区			地址	工作 寄存器
1FH 18H	R7 R0	寄存器 3 组		07H	R7
				06H	R6
17H 10H	R7 R0	寄存器 2 组		05H	R5
				04H	R4
0FH 08H	R7 R0	寄存器 1 组		03H	R3
				02H	R2
07H 00H	R7 R0	寄存器 0 组 （默认）		01H	R1
				00H	R0

（1）工作寄存器区。

AT89S52 单片机在片内 RAM 中划分出低地址的 32 个字节单元（00H~1FH）作为工作寄存器区，供用户使用。工作寄存器区分为 4 个工作寄存器组，每个组有 8 个寄存器，分别称为 R7~R0，占 8 个字节。

在单片机工作时，只有一组寄存器作为当前工作寄存器组 R7~R0 使用。当单片机复位后，系统默认工作寄存器 0 组为当前工作寄存器组。

（2）位寻址区。

在工作寄存器区后的 20H~2FH 共 16 个字节为位寻址区，共有 128 位（8×16=128），每一位都有相应的位地址（00H~7FH）。利用位寻址可以对某一位进行单独操作，而无须将一个字节的 8 位全部重新操作一遍。

AT89S52 单片机数据存储器位寻址区结构如表 2-2 所示。

表 2-2　AT89S52 单片机数据存储器位寻址区结构

位寻址区	地址	位地址							
		D7	D6	D5	D4	D3	D2	D1	D0
2FH ~ 20H	2F	7F	7E	7D	7C	7B	7A	79	78
	2E	77	76	75	74	73	72	71	70
	2D	6F	6E	6D	6C	6B	6A	69	68
	2C	67	66	65	64	63	62	61	60
	2B	5F	5E	5D	5C	5B	5A	59	58
	2A	57	56	55	54	53	52	51	50
	29	4F	4E	4D	4C	4B	4A	49	48
	28	47	46	45	44	43	42	41	40
	27	3F	3E	3D	3C	3B	3A	39	38
	26	37	36	35	34	33	32	31	30
	25	2F	2E	2D	2C	2B	2A	29	28
	24	27	26	25	24	23	22	21	20
	23	1F	1E	1D	1C	1B	1A	19	18
	22	17	16	15	14	13	12	11	10
	21	0F	0E	0D	0C	0B	0A	09	08
	20	07	06	05	04	03	02	01	00

（3）通用 RAM 区。

AT98S52 单片机片内通用 RAM 区地址为 30H~FFH，这里通常设为堆栈区，栈顶的位置由堆栈寄存器SP指定。系统复位时，SP的初始值为07H。

3. 特殊功能寄存器SFR

在AT89S52单片机片内80H~0FFH的128个地址中，离散分布了一些特殊功能的寄存器SFR，它们与片内RAM高128 B数据存储器地址相同，但访问方式不同，特殊功能寄存器只能直接寻址访问，而片内RAM高128 B数据储存器只能间接寻址访问，所以不会混淆。

部分特殊功能寄存器的地址和名称如表2-3所示。其中有12个具有位寻址能力，它们的字节地址正好能被8整除（即16进制的地址码尾数是0或8），在表中标星号的寄存器即可位寻址。

表2-3 部分特殊功能寄存器的地址和名称

地址	SFR	位地址							
		D7	D6	D5	D4	D3	D2	D1	D0
F0H	B*	F7	F6	F5	F4	F3	F2	F1	F0
E0H	ACC*	E7	E6	E5	E4	E3	E2	E1	E0
D0H	PSW*	D7	D6	D5	D4	D3	D2	—	D0
C0H	TH2	不可位寻址							
CCH	TL2	不可位寻址							
CBH	RCAP2H								
CAH	RCAP2L								
C9H	T2MOD	不可位寻址							
C8H	T2CON*								
B8H	IP*	—	—	—	BC	BB	BA	B9	B8
B0H	P3*	B7	B6	B5	B4	B3	B2	B1	B0
A8H	IE*	AF	—	—	AC	AB	AA	A9	A8
A0H	P2*	A7	A6	A5	A4	A3	A2	A1	A0
99H	SBUF	不可位寻址							
98H	SCON*	9F	9E	9D	9C	9B	9A	99	98
90H	P1*	97	96	95	94	93	92	91	90
8DH	TH1	不可位寻址							
8CH	TH0	不可位寻址							
8BH	TL1	不可位寻址							
8AH	TL0	不可位寻址							

续表

地址	SFR	位地址							
		D7	D6	D5	D4	D3	D2	D1	D0
89H	TMOD	不可位寻址							
88H	TCON*	8F	8E	8D	8C	8B	8A	89	88
87H	PCON	不可位寻址							
83H	DPH	不可位寻址							
82H	DPL	不可位寻址							
81H	SP	不可位寻址							
80H	P0*	87	86	85	84	83	82	81	80

相关部分功能如下：

（1）累加器 ACC（E0H）。

累加器 ACC 是 89S52 最常用、最忙碌的 8 位特殊功能寄存器，许多指令的操作数都取自累加器 ACC，许多运算中间结果也存放于累加器 ACC 中。在指令系统中，用 A 作为累加器 ACC 的助记符。

（2）寄存器 B（F0H）。

在乘、除指令中，用到了 8 位寄存器 B。乘法指令的两个操作数分别取自 A 和寄存器 B，乘积存于寄存器 B 和 A 两个 8 位寄存器中。除法指令中，A 中存放被除数，寄存器 B 中存放除数，商存放于 A，余数存放于寄存器 B。

在其他指令中，寄存器 B 可作为一般通用寄存器使用。

（3）程序状态寄存器 PSW（D0H）。

程序状态寄存器 PSW 是一个 8 位特殊功能寄存器，它的各位包含了程序执行后的各种状态信息，供程序查询或判别之用。

程序状态寄存器 PSW 功能如表 2-4 所示。

表 2-4　程序状态寄存器 PSW 功能表

地址	D0H							
寄存器名称	程序状态寄存器 PSW							
位地址	D7	D6	D5	D4	D3	D2	D1	D0
位名称	CY	AC	F0	RS1	RS0	OV	F1	P
位意义	进 / 借	辅进	用户标志	寄存器组选择		溢出	用户标志	奇 / 偶

● CY（PSW.7）：进 / 借位标志位。在执行加法（或减法）运算指令时，如果运算结果的最高位（D7 位）向前有进位（或借位），则 CY 位由硬件自动置为 1

（CY=1）；如果运算结果的最高位无进位（或借位），则 CY 位被清 0（CY=0）。

● AC（PSW.6）：辅助进 / 借位标志位。当执行加法（或减法）操作时，如果运算结果（和或差）的低 4 位（D3 位）向高 4 位（D4 位）有半进位（或借位），则 AC 位将被硬件自动置为 1（AC=1）；否则 AC 位被清 0（AC=0）。

● F0（PSW.5）：用户标志位 0。用户可以根据自己的需要对 F0 位赋予一定的含义，由用户置位或复位以作为软件标志。

● RS1、RS0（PSW.4、PSW.3）：工作寄存器组选择位。在单片机数据存储器中有 4 组工作寄存器组（寄存器 3 组、寄存器 2 组、寄存器 1 组、寄存器 0 组），每个寄存器组中有 8 个寄存器 R7~R0。程序运行时只能有一组寄存器组工作，可以通过设置 RS1、RS0 的值来进行选取。

工作寄存器组选择表如 2-5 所示。

表 2-5 工作寄存器组选择表

RS1	RS0	工作寄存器组	片内 RAM 地址
0	0	寄存器 0 组	00H~07H
0	1	寄存器 1 组	08H~0FH
1	0	寄存器 2 组	10H~17H
1	1	寄存器 3 组	18H~1F7H

单片机上电复位时，RS1=RS0=0，CPU 自动选择寄存器 0 组为当前工作寄存器组。

● OV（PSW.2）：溢出标志位。当进行算术运算时，如果运算结果超出了 –128~+127，则有溢出，OV 位由硬件自动置为 1（OV=1）；否则无溢出，OV 位清 0（OV=0）。

● F1（PSW.1）：用户标志位 1（仅 AT89S52 单片机有）。作用与用户标志位 0 相同。

● P（PSW.0）：奇偶标志位。每条指令执行完后，该位始终跟踪指示累加器 ACC 中 1 的个数。如果 A 中的 1 为奇数，则 P=1，A 中的 1 为偶数，则 P=0。此位常用于校验串行通信中的数据传送是否出错。

（4）堆栈指针 SP（81H）。

堆栈指针 SP 是一个 8 位特殊功能寄存器，SP 的内容可指向 AT89S52 片内 00H~7FH RAM 的任何单元。系统复位后，SP 初始化为 07H，即指向地址为 07H 的 RAM 单元。

（5）数据指针 DPTR（83H，82H）。

数据指针 DPTR 是一个 16 位特殊功能寄存器，其高位字节寄存器用 DPH 表示（地址 83H），低位字节寄存器用 DPL 表示（地址 82H）。

数据指针 DPTR 用于存放 16 位地址，以便对 64 KB 片外 RAM 作间接寻址。

◇**任务实施**◇

一、查看芯片手册熟悉 AT89S52 芯片内部结构

（1）芯片选择 AT89S52 芯片。
（2）查阅内容：
①芯片的基本功能；
②芯片的存储空间；
③芯片的寻址方式；
④芯片的地址范围；
⑤特殊功能寄存器的功能。

二、完成做答

（1）简述什么是单片机。
（2）访问 AT89S52 单片机 SFR、片内高 128 B 的 RAM 区时，怎样区分二者？
（3）AT89S52 单片机的片内 RAM 有多大范围？如何分类？
（4）AT89S52 单片机的程序存储器有多大范围？哪些地址有特殊用途？

三、完成对比

通过上网搜索、查阅书籍等手段，查阅其他单片机芯片的使用手册，完成不同芯片共同点与不同点的分析对比。

◇**任务评价**◇

一、任务完成合格度评价

任务完成度评分标准如表 2-6 所示。

表 2-6　任务完成度评分标准

评分项目	分值	评分标准	自我评分	组长评分
芯片资料查阅完整度（20分）	3	单片机内部核心部件功能描述，不完整的，每项扣 1 分，扣完为止		
	3	单片机内部存储空间划分不正确的，每个部分扣 1 分，扣完为止		
	3	单片机程序存储器地址范围标记错误的，每处扣 1 分，扣完为止		
	3	单片机数据存储器地址范围标记错误的，每处扣 1 分，扣完为止		

续表

评分项目	分值	评分标准	自我评分	组长评分
芯片资料查阅完整度（20分）	5	单片机特殊功能存储器功能描述不完整的，每处扣1分，扣完为止		
	3	不同单片机芯片分析对比环节，每找出一处不同点加1分，最多加3分		
小计（此项满分20分，最低0分）				

二、工作效果评分标准

工作效果评分标准如表2-7所示。

表2-7　工作效果评分标准

项目	评分项目	分值		评分标准	自我评分	组长评分
提交	资料查阅	70	40			
	课堂练习		30			
基本任务	快速准确查阅芯片资料	10	5			
	完成对比任务		5			
小计（此项满分80分，最低0分）						

任务 2　8051 单片机引脚及功能的认知

◇任务要求◇

掌握 AT89S52 单片机引脚的功能和使用要求，了解单片机的基本硬件知识，学会识别芯片上的标识。

◇任务准备◇

一、AT89S52 单片机的引脚介绍

AT89S52 单片机有 4 组 8 位并行准双向 I/O 端口，分别为 P0、P1、P2 和 P3，共占 32 个引脚。每个端口均包含一个端口锁存器（特殊功能寄存器 P0~P3）、一个输出驱动器和输入缓冲器。每个端口可以 8 条线一起用作 I/O 口线传输字节信息，也可以每一根 I/O 口线单独使用。对端口锁存器的读 / 写就可以实现端口的输入 / 输出。

1. P0 口的使用

P0 口可作为通用的 8 位输入 / 输出端口使用。在单片机外接扩展存储器时，它还可以作为分时复用的低 8 位地址 / 数据总线使用，此时高 8 位地址总线由 P2 端口担任。P0 口的每一位可驱动 8 个 TTL 个负载。

（1）P0 口作为通用输出时，需外接上拉电阻才能输出电平。

（2）P0 口作为通用输入口时，分为读锁存器和读引脚两种情况。在读端口引脚数据前，应先向端口锁存器写入 1。

2. P1 口的使用

P1 口常作为通用的输入 / 输出端口，内部有上拉电阻，不需要外接电阻。当从端口引脚读入数据时，应先向端口写入 1，再读引脚数据。P1 口每一位可驱动 4 个 TTL 个负载。

在 AT89S52 单片机中，P1 端口还作用于一些复用功能。AT89S52 P1 端口各引脚复用功能如表 2-8 所示。

表 2-8　AT89S52 P1 端口各引脚复用功能表

引脚号	第二功能
P1.0	T2（定时器 / 计数器 T2 的外部计数输入），时钟输出
P1.1	T2EX（定时器 / 计数器 T2 的捕捉 / 重载触发信号和方向控制）
P1.5	MOSI（在系统编程时用）

续表

引脚号	第二功能
P1.6	MISO（在系统编程时用）
P1.7	SCK（在系统编程时用）

3. P2 口的使用

P2 口可作为通用的 8 位输入 / 输出端口使用。在单片机外接扩展存储器时，它还可以作为高 8 位地址总线，与 P0 口的低 8 位地址总线一起形成 16 位 I/O 口地址。P2 口的每一位可驱动 4 个 TTL 负载。

P2 口作为通用 I/O 口使用时，不需外接电阻，读引脚状态前，应先向端口写入 1。

4. P3 口的使用

P3 口是单片机中使用最灵活、功能最多的一个并行端口，它具有通用的输入 / 输出功能，还具有多种用途的第二功能（见表 2-9）。同样，P3 口的每一位也可驱动 4 个 TTL 负载。

P3 口作为输入使用时，同 P0~P2 口一样，应先由软件向端口写入 1，再读引脚数据。P3 口也无需外接电阻。

表 2-9　AT89S52 P3 端口各引脚复用功能表

引脚号	第二功能
P3.0	RXD（串行输入）
P3.1	TXD（串行输出）
P3.2	$\overline{INT0}$（外部中断 0）
P3.3	$\overline{INT1}$（外部中断 1）
P3.4	T0（定时器 0 外部输入）
P3.5	T1（定时器 1 外部输入）
P3.6	$\overline{WR}$（外部数据存储器写选通）
P3.7	$\overline{RD}$（外部数据存储器写选通）

二、AT89S52 单片机的封装与其他功能引脚介绍

1. AT89S52 单片机的封装形式

AT89S52 单片机有 PDIP（双列直插式封装）、PLCC（带引线的塑料芯片载体封装）和 TQFP（方形扁平封装）三种封装方式，如图 2-3 所示。

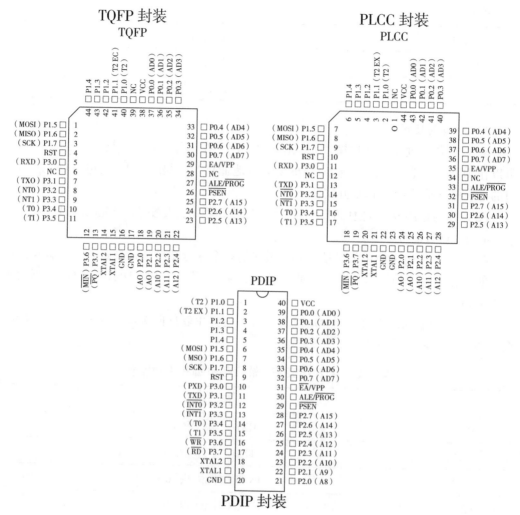

图 2-3　AT89S52 单片机的封装

2．AT89S52 单片机的引脚介绍

（1）电源引脚 VCC 和 GND。

VCC（40 脚）：电源端，接 +5 V。

GND（20 脚）：接地端。

（2）外接晶体振荡器引脚 XTAL1 和 XTAL2。

XTAL1（19 脚）：接外部晶振和微调电容的一端。在片内接振荡电路反相放大器的输入端。当采用外部时钟时，此引脚作为外部时钟信号的输入端。

XTAL2（18 脚）：接外部晶振和微调电容的另一端。在片内接振荡电路反相放大器的输出端。当采用外部时钟时，此引脚悬空。

（3）控制信号引脚 RST、$\overline{\text{PSEN}}$、ALE / $\overline{\text{PROG}}$、$\overline{\text{EA}}$ / VPP。

RST（9 脚）：复位信号输入端，高电平有效。当此输入端保持两个机器周期的高电平时，就可以完成单片机的复位操作。

$\overline{PSEN}$（29 脚）：外部程序存储器选通信号。当 AT8952 单片机从外部程序存储器取指令（或常数）时，每个机器周期输出两次 PSEN 信号（即 2 个脉冲信号），作为外部程序存储器选通信号。而在访问外部数据存储器时，无 PSEN 信号输出。

ALE / $\overline{PROG}$（30 脚）：地址锁存允许信号输出 / 编程脉冲输入端。当 AT89S52 单片机上电正常工作后，ALE 引脚不断向外部输出正脉冲信号，此频率是振荡频率 f_{osc} 的 1/6。在 CPU 访问外部程序 / 数据存储器（执行 MOVX 或 MOVC 指令）时，ALE 输出信号作为锁存低 8 位地址的控制信号。在 CPU 不访问外部程序 / 数据存储器时，ALE 端仍以振荡频率 1/6 的固定频率输出脉冲，可用来作为外部定时器或时钟使用。有的单片机可以关闭"ALE"输出，用以降低输出干扰。此引脚的第二功能 PROG，是在对片内 8 K Flash ROM 进行编程写入（固化程序）时，作为编程脉冲的输入端。

$\overline{EA}$ / VPP（31 脚）：内部与外部程序存储器选择端 / 片内 Flash ROM 编程电压输入端。当 EA 引脚接高电平时，CPU 只执行内部程序存储器 Flash ROM 中的指令；但当 PC（程序计数器）的值超过 1FFH（AT89S52 单片机程序存储器为 8 K）时，CPU 将自动转到外部程序存储器相应的地址取指令，并执行该指令。

当 EA 引脚接低电平（接地）时，CPU 只执行外部程序存储器中的指令。

此引脚的第二功能 VPP 在对片内程序存储器 Flash ROM 编程期间，接收编程允许电压 V_{PP} 为 12 V（如果选用 12 V 电压编程）。

（4）输入 / 输出端口 P0、P1、P2 和 P3。

三、AT89S52 单片机的时钟与时序

单片机时序就是 CPU 在执行指令时所需控制信号的时间顺序。在执行指令时，CPU 首先到程序存储器中取出需要执行指令的指令码并存入指令寄存器，通过指令译码器对其译码，并由时序部件产生一系列时钟信号去完成指令的执行。这些指令时钟控制信号在时间上的相互关系就是 CPU 时序。

1. 单片机通过时钟电路产生时序。

（1）内部振荡方式。

AT89S52 芯片内部有一个振荡器，在引脚 XTAL1、XTAL2 外接晶体振荡器（简称晶振），就构成了内部振荡方式。典型的振荡频率为 12 MHz 和 11.0592 MHz。

（2）外部时钟方式。

外部时钟信号由 XTAL1 引脚接入单片机（XTAL2 引脚悬空），此时单片机将按照外部时钟信号工作。

2. 单片机的时钟信号。

单片机内部常用的用来度量时间的单位主要有振荡周期、机器周期和指令周期。

（1）振荡周期。

振荡周期 T 又称为时钟周期，由单片机片内振荡电路的晶振产生，常定义为时钟脉冲频率 f 的倒数，是时序中最小的时间单位。时钟脉冲是计算机的基本工作脉冲，

它控制着计算机的工作节奏。

（2）机器周期。

机器周期定义为实现特定功能所需的时间，通常由若干个振荡周期 T 构成。AT89S52 单片机的机器周期常定义为 12 个振荡周期。它是计算机执行一种基本操作的时间单位。

（3）指令周期

指令周期是时序中最大的时间单位，定义为执行一条指令所需的时间。1 个指令周期由 1~4 个机器周期组成。通常将包含一个机器周期的指令称为单周期指令，包含两个机器周期的指令称为双周期指令。

四、单片机的复位

单片机的复位操作完成单片机片内电路的初始化，使单片机从一种确定的状态开始运行。当复位信号（高电平）加到单片机 RST 引脚并维持两个机器周期时，CPU 就可以响应并将系统复位。如果 RST 持续为高电平，单片机就处于循环复位状态，无法执行程序。因此要求单片机复位后能脱离复位状态。

单机片的复位主要分为手动复位和自动复位，如图 2-4 所示。

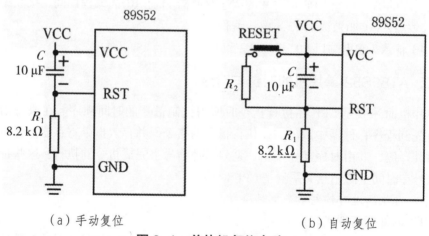

（a）手动复位　　　　　　　　（b）自动复位

图 2-4　单片机复位电路

单片机的复位操作使单片机进入初始化状态。初始化后各内部计算器的状态如下：

程序计数器 PC：000H；

累加器 ACC：00H；

寄存器 B：00H；

程序状态字 PSW：00H；

堆栈指针 SP：07H；

数据指针 DPTR：0000H；

端口锁存器 P0~P3：0FFH；

寄存器 IP：各有效位为 0；

寄存器 IE：各有效位为 0；

寄存器 TCON：00H；

寄存器 TMOD：00H；

寄存器 T0、T1、T2：00H；

寄存器 SCON：00H；

寄存器 PCON：各有效位为 0；

串行数据缓冲器 SBUF：不定。

五、AT89S52 单片机的标识

（1）ATMEL：单片机生产公司的名称。

（2）AT89S52：单片机的型号。

（3）24PC：

①数字部分，表示支持的最高系统时钟。

②数字后缀第一个字母，表示封装。"P"：DIP 封装；"A"：TQFP 封装；"J"：PLCC 封装。

③数字后缀最后一个字母，表示应用级别。"C"：商业级；"I"：工业级（有铅）；"U"工业级（无铅）。

（4）第 4 行的标示 "0525"：表示 2005 年的第 25 周生产。

◇任务实施◇

一、区分在不同封装下各芯片引脚的序号

（1）芯片选择 AT89S52 芯片 PDIP 封装。

（2）查阅各芯片引脚的编号方法。

（3）查看芯片各引脚在主机模块上的连接情况。

表 2-10 本任务所需要的模块

编号	模块代码	模块名称	模块接口
1	MCU01	主机模块	+5 V、GND、P0、P1、P2、P3
2	MCU02	电源模块	+5 V、GND、

表 2-11 本任务所需要的工具和器材

名称	型号及规格	数量	备注
数字万用表	MY-60	1 台	专配

二、完成任务

（1）从芯片三角标记开始芯片按照什么方式对引脚进行编号？

（2）VCC 和 GND 引脚对应的编号是多少？正常工作时电平是多少？

（3）用芯片内的程序测试 4 组 I/O 口的输出电平，并记录。

◇ **任务评价** ◇

一、任务完成合格度评价

任务完成度评分标准如表 2-13 所示。

表 2-13　任务完成度评分标准

评分项目	分值	评分标准	自我评分	组长评分
芯片引脚识别完整度（20分）	3	单片机引脚编号不正确的，每项扣 1 分，扣完为止		
	3	单片机各引脚编号和名称对应不正确的，每项扣 1 分，扣完为止		
	3	单片机各引脚在主机模块上的连接情况识别不正确的，每项扣 1 分，扣完为止		
	3	单片机引脚在不同电平下的工作状态分析错误的，每处扣 1 分，扣完为止		
	5	单片机各引脚工作电平测试不正确的，每处扣 1 分，扣完为止		
	3	不同封装单片机芯片引脚编号标记正确的，每块加 1 分，最多加 3 分		
小计（此项满分 20 分，最低 0 分）				

二、工作效果评分标准

工作效果评分标准如表 2-14 所示。

表 2-14　工作效果评分标准

项目	评分项目	分值		评分标准	自我评分	组长评分
提交	资料查阅	70	40			
	课堂练习		30			
基本任务	快速准确查阅芯片资料	10	5			
	正确使用测量方法和工具		5			
小计（此项满分 80 分，最低 0 分）						

任务3   8051单片机小系统的设计制作

◇任务要求◇

利用YL-236型单片机实训平台搭建单片机控制系统，点亮发光二极管。

◇任务准备◇

一、发光二极管的发光原理

发光二极管，通常称为LED，它只是一个微小的电灯泡。但不像常见的白炽灯泡，发光二极管没有灯丝，而且点亮时不会特别热。由于半导体材料里的电子移动，从而使发光二极管发光。

发光二极管由一个PN结构成，具有单向导电性。但其正向工作电压（开启电压）比普通二极管高，为1~2.5 V，反向击穿电压比普通二极管低，约5 V。当正向电流达1 mA左右时开始发光，发光强度近似与工作电流成正比；但工作电流达到一定数值时，发光强度逐渐趋于饱和，与工作电流成非线性关系。一般地，小型发光二极管正向工作电流为10~20 mA，最大正向工作电流为30~50 mA。

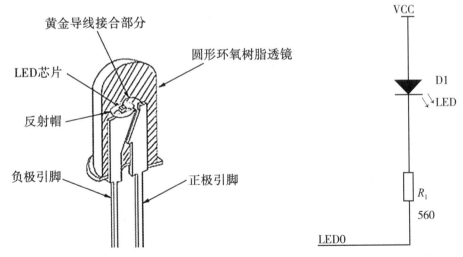

图2-5   发光二极管结构图

发光二极管可以做成矩形、圆形、字形、符号形等多种形状，颜色有红、绿、黄、橙、红外等多种。它具有体积小、功耗低、容易驱动、光效高、发光均匀稳定、响应速度快以及寿命长等特点，普遍用在指示灯及大屏幕显示装置中。发光二极管的结构如图 2-5 所示。

三、单片机仿真电路设计

单片机仿真电路设计如图 2-6 所示。

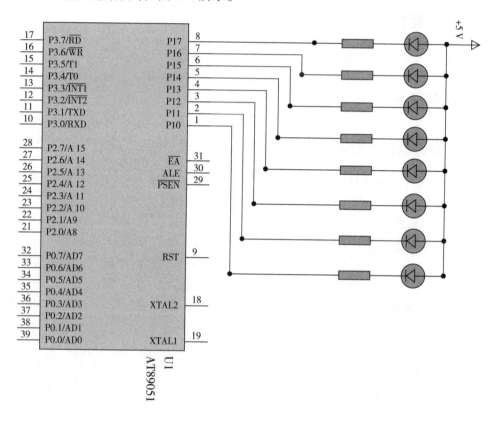

图 2-6　单片机仿真电路

三、参考程序

测试程序如下：

```
#include <REG52.H>
main ( ) {
P1=0×00;
While（1）;
  }
```

四、单片机程序下载

YL-236 型单片机实训平台使用 YL-ISP 在线下载器在线下载程序，操作步骤如下：

（1）连接 YL-ISP 在线下载器，将在线下载器的排线与主机模块的 ISP 下载接口相连，并将在线下载器的 USB 接口与计算机的 USB 接口相连。

（2）启动 YL-ISP 在线下载器程序，检测下载器的连接状态。

（3）单击"选择器件"下拉按钮，选择需要的芯片型号。

（4）单击"调入 Flash 文件"栏中的文件夹图标，调入可执行文件（扩展名为 .hex），文件会自动加载。

（5）单击"自动编程"按钮写入程序，写入成功后，信息输出列表框中会反馈"操作成功"字样。

◇**任务实施**◇

一、硬件电路搭建

分析单片机控制灯光系统电路，在 YL-236 型单片机实训平台上选取主机模块、电源模块和显示模块，搭建单片机控制灯光系统测试电路。

1. 模块选择

本任务所需要的模块如表 2-15 所示。

表 2-15　本任务所需要的模块

编号	模块代码	模块名称	模块接口
1	MCU01	主机模块	+5 V、GND、P1
2	MCU02	电源模块	+5 V、GND、
3	MCU04	显示模块	+5 V、GND、LED1~LED8

2. 工具和器材

本任务所需要的工具和器材如表 2-16 所示。

表 2-16　工具和器材

编号	名称	型号及规格	数量	备注
1	数字万用表	MY-60	1 台	专配
2	斜口钳		1 把	
3	电子连接线	50 cm	20 根	红色、黑色线各 3 根，其他颜色线 14 根
4	塑料绑线		若干	

3. 电路搭建

结合 YL-236 型单片机实训平台主机模块和显示模块，绘制如图 2-7 所示的电路

C51 单片机一体化实训教程

接线图。

二、程序代码的编写、编译

（1）启动 Keil C51 编程软件，新建工程、文件并均以"LED"为名保存在文件夹中。

（2）在 LED.c 文件的文本编辑器窗口中输入程序代码。

（3）编译源程序，排除程序输入错误，生成 LED.hex 文件。

三、系统调试

系统调试的步骤如下：

（1）使用程序下载专配 USB 线将计算机的 USB 接口与单片机主机模块程序下载接口连接起来。

（2）打开电源总开关，启动程序下载软件，下载可执行文件至单片机中。

（3）观察 LED 状态，若实现任务要求，则系统调试完成；否则，需要进行故障排除。

◇**任务评价**◇

一、工艺性评分标准

工艺性评分标准如表 2-17 所示。

表 2-17　工艺性评分标准

评分项目	分值	评分标准	自我评分	组长评分
模块导线连接工艺（20分）	3	模块选择多于或少于任务要求的，每项扣 1 分，扣完为止		
	3	模块布置不合理，每个模块扣 1 分，扣完为止		
	3	电源线和数据线未进行颜色区分，导线选择不合理，每处扣 1 分，扣完为止		
	5	导线走线不合理，每处扣 1 分，扣完为止		
	3	导线整理不美观，扣除 1~3 分		
	3	导线连接不牢固，同一接线端子上连接多于 2 根导线的，每处扣 1 分，扣完为止		
小计（此项满分20分，最低0分）				

二、功能评分标准

功能评分标准如表 2-18 所示。

表 2-18 功能评分标准

项目	评分项目	分值		评分标准	自我评分	组长评分
提交	电路搭建	70	40			
	程序加载		30			
基本任务	电源总开关控制	10	5			
	调试		5			
小计（此项满分 80 分，最低 0 分）						

项目三　数码管显示器设计

任务1　数码管的工作原理及检测方法

◇任务要求◇

掌握数码管的工作原理，学会使用万用表检测数码管的引脚排列。

◇任务准备◇

一、数码管的分类及工作原理

数码管的显示原理是靠点亮内部的发光二极管来发光，数码管内部电路如图 3-1 所示。从图 3-1 可知，一位数码管的引脚是 10 个，显示一个 8 字需要 7 个小段，另外还有一个小数点，所以其内部共有 8 个小的发光二极管，最后还有一个公共端。生产商为了封装统一，单位数码管都封装 10 个引脚，其中第 3 引脚和第 8 引脚是连接在一起的。数码管的公共端又可分为共阳极和共阴极，图 3-1（b）为共阴极内部原理图，图 3-1（c）为共阳极内部原理图。

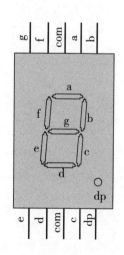

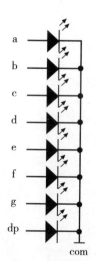

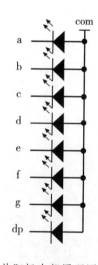

（a）数码管内部电路　　　（b）共阴极内部原理图　　　（c）共阳极内部原理图

图 3-1　数码管电路

对共阴极数码管来说,其8个发光二极管的阴极在数码管内部全部连接在一起,所以称"共阴",而它们的阳极是独立的,在设计电路时一般把阴极接地。当我们给数码管的任一个阳极加高电平时,对应的这个发光二极管就被点亮了。如果想要显示出一个数字8,并且把右下角的小数点也点亮,可以给8个阳极全部写入高电平,如果想让它显示出一个数字0,那么我们可以除了给第"g,dp"这两位写入低电平外,其余引脚全部都写入高电平,这样它就显示出数字0了。想让数码管显示几,就给相对应的发光二极管写入高电平,因此我们在显示数字时,首先做的就是给0~9十个数字编码,在要它亮什么数字的时候直接把这个编码送到它的阳极就行了。

共阳极数码管其内部8个发光二极管的所有阳极全部连接在一起,电路连接时,公共端接高电平,因此要点亮的那只发光管二极管就需要给阴极送低电平。此时显示数字的编码与共阴极编码是相反的关系,数码管内部发光二极管点亮时,需要5 mA以上的电流,但是电流不可过大,否则会烧毁发光二极管。由于单片机的I/O口送不出如此大的电流,所以数码管与单片机连接时需要加驱动电路,可以用上拉电阻的方法或使用专门的数码管驱动芯片。数码管除了可以单独控制外,还可以多个连在一起,当多位一体时,它们内部的公共端是独立的,而负责显示什么数字的段线全部是连接在一起的,独立的公共端可以控制多位一体中的哪一位数码管点亮,而连接在一起的段线可以控制这个能点亮数码管亮什么数字。通常我们把公共端叫做"位选线",连接在一起的段线叫做"段选线",有了这两个线后,通过单片机及外部驱动电路就可以控制任意的数码管显示任意的数字了。

一般地,单位数码管有10个引脚,二位数码管也有10个引脚,四位数码管有12个引脚。关于具体的引脚及段、位标号大家可以查询相关资料。最简单的办法就是用数字万用表测量,若没有数字万用表也可用5 V直流电源串接1 kΩ电阻后测量,将测量结果记录下,通过统计便可绘制出引脚标号。

二、数码管的引脚检测方法

对数字万用表来说,红色表笔连接表内部电池正极,黑色表笔连接表内部电池负极。当把数字万用表置于二极管挡位时,其两表笔间开路电压约为1.5 V,把两表笔正确加在发光二极管两端时,可以点亮发光二极管。

将数字万用表置于二极管挡位时,红表笔接在①脚,然后用黑表笔去接触其他各引脚,假设只有当接触到⑨脚时,数码管的a段发光,而接触其余引脚时则不发光。由此可知,被测数码管为共阴极结构类型,⑨脚是公共阴极,①脚则是数码管的a段。接下来再检测其他各段引脚,仍使用数字万用表二极管挡位,将黑表笔固定接在⑨脚,用红表笔依次接触②、③、④、⑤、⑥、⑦、⑧、⑨引脚时,数码管的其他段先后分别发光,据此便可绘出该数码管的内部结构和引脚排列图。

检测过程中,若被测数码管为共阳极类型,则需将红、黑表笔对调才能测出上述结果。在判别结构类型时,操作时要灵活,反复试验,直到找出公共端为止。大家只要懂得检测原理,检测出各个引脚便很容易了。

◇**任务实施**◇

一、材料选择

1. 数码管选择

本任务所需要的模块如表 3-1 所示。

表 3-1　本任务所需要的模块

编号	名称	数量 / 只
1	共阳极单位数码管	1
2	共阴极单位数码管	1
3	共阳极多位数码管	1
4	共阴极多位数码管	1

2. 工具

本任务所需要的工具如表 3-2 所示。

表 3-2　工具和器材

名称	型号及规格	数量	备注
数字万用表	MY-60	1 台	专配

二、元件引脚检测

（1）用万用表判定单位数码管类型。

（2）用万用表判定单位数码管各段引脚编码。

（3）判定多位数码管各引脚编码。

◇**任务评价**◇

一、操作步骤及判定结果评分标准

操作步骤及判定结果评分标准如表 3-3 所示。

表 3-3　操作步骤及判定结果评分标准

评分项目	分值	评分标准	自我评分	组长评分
操作步骤及结果（20分）	5	万用表使用步骤错误的，每项扣1分，扣完为止		
	5	测量步骤错误的，每项扣1分，扣完为止		
	5	单位数码管测量结果记录不规范的，每项扣1分，扣完为止		
	5	多位数码管测量结果记录不规范的，每项扣1分，扣完为止		
小计（此项满分20分，最低0分）				

二、功能评分标准

功能评分标准如表 3-4 所示。

表 3-4　功能评分标准

项目	评分项目	分值		评分标准	自我评分	组长评分
提交	数码管引脚编号判定	70	40			
	万用表使用判定流程		30			
基本任务	数码管类型判定	10	5			
	数码管引脚控制方法		5			
小计（此项满分80分，最低0分）						

任务 2　数码管静态显示

◇任务要求◇

掌握数码管静态显示方法，并在模块上显示出来。

◇任务准备◇

一、掌握静态显示工作原理

当多位数码管应用于某一系统时，它们的位选是可独立控制的，而段选是连接在一起的。我们可以通过位选信号控制哪几个数码管亮，而在同一时刻，位选选通的所有数码管上显示的数字始终都是一样的，因为它们的段选是连接在一起的，送入所有数码管的段选信号都是相同的，所以它们显示的数字也必定一样。数码管的这种显示某个字符时，相应段的发光二极管处于恒定的导通或截止状态，这种显示方法叫做静态显示。

二、设计仿真电路图

数码管仿真电路图如图 3-2 所示。

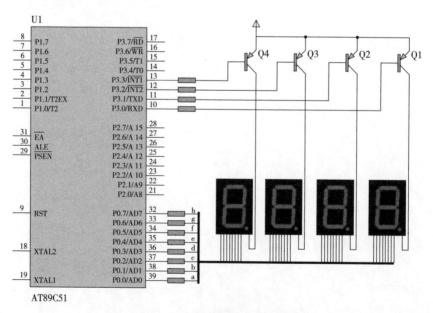

图 3-2　数码管仿真电路图

计算共阳极、共阴极数码管的段码如表 3-5 所示。

表 3-5 共阳极共阴极数码管的段码

显示字符	共阴极段选码	共阳极段选码	显示字符	共阴极段选码	共阳极段选码
0	3FH	C0H	9	77H	90H
1	06H	F9H	A	77H	88H
2	5BH	A4H	B	7CH	83H
3	4FH	B0H	C	39H	C6H
4	66H	99H	D	5EH	A1H
5	6DH	92H	E	79H	86H
6	07H	82H	F	71H	8EH
7	7FH	F8H	无显示	00H	FFH
8	6FH	80H			

三、静态显示程序设计方案

下面我们就用 C 语言编写一段程序，先让第一个数码管显示数字 8。具体分析如下：让第一个数码管显示数字 8，那么其他数码管的位选就要关闭，即只打开第一个数码管的位选。由于数码管为共阴极，所以位选选通时为低电平，位选关闭时为高电平，即只有 P3.0 端对应数据为 0，其他都为 1，因此 P3 口要输出的数据为 0XFE（二进制为 1111 110）。位选确定后，再确定段选，要显示数字 8，那么只有 h 段为 0，其余段都为 1，所以接下来用一样的方法给 P0 口送出一个 0X7F 即可。

四、数码管静态显示参考程序

```
#include <REG52.H>
main（）{
P0=0X7F;
P3=0XFE;
While（1）;
    }
```

【知识链接】C 程序的基础知识

1. C 程序的基本结构

（1）C 程序是由函数构成的。一个 C 源程序至少且仅包含一个 main 函数，也可以包含一个 main 函数和若干其他函数。函数体的内容由一对 {} 括起来，

｛｝必须成对出现。

（2）main 为"主函数"，一个 C 程序总是从 main 函数开始执行，而且不论 main 函数在整个程序中的位置如何。

（3）C 程序书写格式较自由，一行内可以写几条语句，一条语句可以分写在多行上。

（4）每条语句和数据声明的最后必须有一个分号，分号是 C 语句的必要组成部分，不可缺少。即使程序中最后一条语句也应包含分号。

一个 C 程序有一个 main 主函数和若干子函数，主函数可以调用子函数，子函数不能调用主函数，子函数和子函数之间可以相互调用。

2. 函数参数

函数参数分为形式参数和实际参数，在调用函数时，若主调函数和被调函数之间有数据传递关系，在定义函数时，函数名后面括号中的变量名称为形式参数；在主调函数中调用一个函数时，函数名后面括号中的参数为实际参数。

函数的形参和实参具有以下特点：

（1）形参变量只有在被调用时才被分配内存单元，在调用结束时，即刻释放所分配的内存单元。形参只在函数内部有效，函数调用结束返回主调函数后则不能再使用该形参变量。

（2）实参可以是常量、变量、表达式、函数等，无论实参是何种类型的量，在进行函数调用时，它们都必须具有确定的值，以便把这些值传送给形参。因此应预先用赋值、输入等办法使实参获得确定值。

（3）实参用形参在数量上、类型上、顺序上应严格一致，否则会发生"类型不匹配"的错误。

（4）函数调用中发生的数据传送是单向的。即只能把实参的值传送给形参，而不能把形参的值反向传送给实参。因此在函数调用过程中，形参的值发生改变时，而实参中的值不会随之变化。

3. 文件包含

文件包含是指一个文件将另外一个文件的内容全部包含进来，其格式如下：

（1）#include< 文件名称 >

（2）#include "文件名称"

以上两者的区别在于""和 <>。<> 表示头文件在编译器的安装目录下，一般都是编译器自带的头文件；""表示头文件在当前工程目录下，一般都是自己写的头文件，编译器将首先查找当前目录，如果没有找到，则会在菜单选择项所确定的目录中查找。

五、单片机程序下载

YL-236 型单片机实训平台使用 YL-ISP 在线下载器在线下载程序，操作步骤如下：

（1）连接 YL–ISP 在线下载器，将在线下载器的排线与主机模块的 ISP 下载接口相连，并将在线下载器的 USB 接口与计算机的 USB 接口相连。

（2）启动 YL–ISP 在线下载器程序，检测下载器的连接状态。

（3）单击"选择器件"下拉按钮，选择需要的芯片型号。

（4）单击"调入 Flash 文件"栏中的文件夹图标，调入可执行文件（扩展名为 .hex），文件会自动加载。

（5）单击"自动编程"按钮写入程序，写入成功后，信息输出列表框中会反馈"操作成功"字样。

◇任务实施◇

一、硬件电路搭建

（1）分析单片机控制灯光系统电路，在 YL–236 型单片机实训平台上选取主机模块、电源模块和显示模块，搭建单片机控制数码管静态显示电路。

（2）模块选择。本任务所需要的模块如表 3–6 所示。

表 3–6 本任务所需要的模块

编号	模块代码	模块名称	模块接口
1	MCU01	主机模块	+5 V、GND、P1
2	MCU02	电源模块	+5 V、GND、
3	MCU04	显示模块	+5 V、GND、LED1~LED8

（3）工具和器材。本任务所需要的工具和器材如表 3–7 所示。

表 3–7 工具和器材

编号	名称	型号及规格	数量	备注
1	数字万用表	MY–60	1 台	专配
2	斜口钳		1 把	
3	电子连接线	50 cm	20 根	红色、黑色线各 3 根，其他颜色线 14 根
4	塑料绑线		若干	

（4）电路搭建。搭建数码管仿真电路（见图 3–2）的连接图。

二、程序代码的编写、编译

（1）启动 Keil C51 编程软件，新建工程、文件并均以"SMG"为名保存在文件夹中。

（2）在 SMG.c 文件的文本编辑器窗口中输入程序代码。

（3）编译源程序，排除程序输入错误，生成 SMG.hex 文件。

三、系统调试

系统调试的步骤如下：

（1）使用程序下载专配USB线将计算机的USB接口与单片机主机模块程序下载接口连接起来。

（2）打开电源总开关，启动程序下载软件，下载可执行文件至单片机中。

（3）观察LED状态，若实现任务要求，则系统调试完成；否则，需要进行故障排除。

◇ 任务评价 ◇

一、工艺性评分标准

工艺性评分标准如表3-8所示。

表3-8 工艺性评分标准

评分项目	分值	评分标准	自我评分	组长评分
模块导线连接工艺（20分）	3	模块选择多于或少于任务要求的，每项扣1分，扣完为止		
	3	模块布置不合理，每个模块扣1分，扣完为止		
	3	电源线和数据线未进行颜色区分，导线选择不合理，每处扣1分，扣完为止		
	5	导线走线不合理，每处扣1分，扣完为止		
	3	导线整理不美观，扣除1~3分		
	3	导线连接不牢固，同一接线端子上连接多于2根导线的，每处扣1分，扣完为止		
小计（此项满分20分，最低0分）				

二、功能评分标准

功能评分标准如表3-9所示。

表3-9 功能评分标准

项目	评分项目	分值		评分标准	自我评分	组长评分
提交	电路搭建	70	40			
	程序加载		30			
基本任务	电源总开关控制	10	5			
	调试		5			
小计（此项满分80分，最低0分）						

任务3　数码管动态显示

◇任务要求◇

掌握数码管动态显示方法，并在模块上显示 01234567。

◇任务准备◇

一、掌握动态显示工作原理

所谓动态扫描显示，即轮流向各位数码管送出字形码和相应的位选，利用发光管的余辉和人眼视觉的暂留作用，使人感觉好像各位数码管同时都在显示，而实际上多位数码管是一位一位轮流显示的，只是轮流显示的速度非常快，人眼无法分辨出来。

二、设计仿真电路图

数码管动态显示仿真电路如图 3-3 所示。

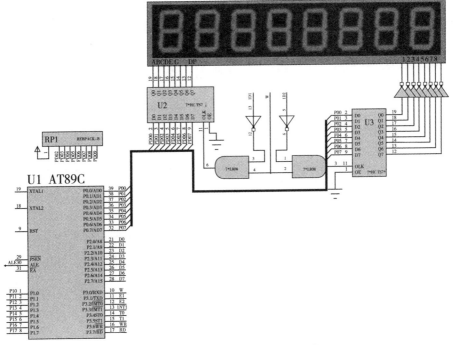

图 3-3　数码管动态显示仿真电路图

C51单片机一体化实训教程

三、74LS377 芯片介绍

74LS377 是 8 D 锁存器，其引脚如图 3-4 所示。在 74LS377 片选 CE 端为低电平时，选中该芯片，在 CP 为上升沿时能把输入信号锁入芯片中。

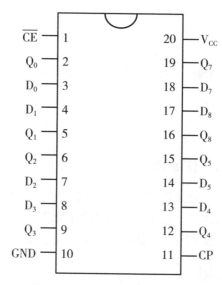

图 3-4　74LS377 芯片引脚

74LS377 真值表如表 3-10 所示。

表 3-10　74LS377 的真值表

Operating Mode	Inputs			Outputs
	CP	$\overline{CE}$	D_n	Q_n
Load '1'	⤴	L	H	H
Load '0'	⤴	L	L	L
Hold（Do Nothing）	⤴	H	×	No Change
	×	H	×	No Change

四、数组的概念

在程序设计中，为了处理方便，把具有相同类型的若干变量按有序的形式组织起来。这些按序排列的同类型数据元素的集合称为数组。在 C 语言中，数组属于构造数据类型。

数组可分为一维数组、二维数组、字符数组及字符串。

本书中我们仅对程序中可能用到的一维数组进行介绍。

1. 一维数组的定义

定义：数组是有序数据（必须是相同的数据类型结构）的集合。

格式：类型说明符 数组名 [常量表达式]

例如：int a[10] 表示数组名为 a，有 10 个元素，并且每个元素的类型都是 int 型的。

2. 一维数组元素的初始化

一维数组有下列初始化方法：

（1）在定义数组时，对数组元素赋初值。

例如，in a[10]={0，1，2，3，4，5，6，7，8，9}，等价于 a[0]=0，a[1]=1，…a[9]=9。

（2）可以只给一部分元素赋初值。

例如，int a[10]={0，1，2，3，4}，表示只给数组的前 5 个元素赋初值，后 5 个元素的值，系统自动默认为 0。

（3）在对全部数组元素赋初值时，可以不指定数组长度。

例如，int a[5]={0，1，2，3，4}，可以改写为 int a[]={0，1，2，3，4}；但是，int a[10]={0，1，2，3，4}，不能改写为 int a[]={0，1，2，3，4}；

3. 一维数组的引用

数组必须先定义、后使用。C 语言规定，只能逐个引用数组元素，而不能一次引用整个数组。数组的引用形式为：数组名 [下标]。

其中，下标可以是整型常量也可以是整型表达式，例如，led=a[2]。

五、动态显示程序设计方案

通过 P0，WR，CS1 控制段码锁存器，通过 P0，WR，CS2 控制位码锁存器，按照题目要求，每显示一位数字需要送入一位段码和相应的位码，要显示 8 个数字，上述步骤要重复 8 次，每次显示完成后要有延时。编译代码，下载程序后观察，上面的代码实现了题目的要求，但还没有体现出动态显示的特点，下面将每个数码管点亮的时间缩短到 100 ms，编译下载，可以看见以数码管变换显示的速度快多了。我们再把亮点时间缩短至 10 ms，编译下载，此时已经可隐约看见 8 个数码管上同时显示数字"01234567"，但是看上去会有些晃眼。我们再把亮点时间缩短至 1ms，编译下载，这时 8 个数码管非常稳定、清晰地显示着数字"01234567"。

程序编写过程中需要注意的是：在每次送完段选数据后，在送入位选数据之前，需要加上一句"P0=0xff"，这条语句的专业名称叫做"消影"。这段程序可以使数码管清晰地进行显示，非常重要。

六、数码管动态显示参考程序

```
#include<reg52.h>          // 包含 89×52 头文件
#include<intrins.h>        // 包含 intrins 头文件
#define uint unsigned int   // 无符号整型定义
#define uchar unsigned char // 无符号字符型定义
#define out0 P0            // 定义 out0 为 P0 口
```

```
sbit LED_CS1=P3^1;                              // 数码管段选信号端
sbit LED_CS2=P3^2;                              // 数码管位选信号端
sbit LED_WR=P3^0;                               // 数码管写信号端

uchar a[8];                                     // 数码管 8 位显示缓冲区
uchar code TAB[]={                              // 共阳极数码管字模
                                                // 0123456789
    0xc0, 0xf9, 0xa4, 0xb0, 0x99, 0x92, 0x82, 0xf8, 0x80, 0x90,
                                                // abcdef
    0x88, 0x83, 0xc6, 0xa1, 0x86, 0x8e,
                                                // 熄灭
    0xff, 0xbf        };
void delayms（uint x）                           // 延时毫秒函数
{uchar i;
while（x—）
for（i=0; i<123; i++）; }
void delayus（uchar x）                          // 延时微秒函数
{while（—x）; }
void writeDuan（uchar x）                        // 写段码函数
{out0=x;                                        // 写入段码
_nop_（）;

    LED_CS1=0;                                  // 数码管段选信号有效
    LED_WR=0;                                   // 数码管写信号有效
    _nop_（）;
    LED_WR=1;                                   // 数码管写信号无效
    LED_CS1=1;                                  // 数码管段选信号无效
}

void writeWei（uchar x）                         // 写位码函数
{ out0=x;                                       // 写入位码
    _nop_（）;

    LED_CS2=0;                                  // 数码管位选信号有效
    LED_WR=0;                                   // 数码管写信号有效
    _nop_（）;
```

```
    LED_WR=1;                              // 数码管写信号无效
    LED_CS2=1;                             // 数码管位选信号无效
}
void display（）                           // 显示函数（8 位扫描方式）
{ uchar i;
    uchar wei=0xfe;                        // 位码赋初值选中第 0 个数码管

    for（i=0；i<8；i++）
    {       writeDuan（TAB[a[i]]）;         // 根据显示缓冲区内容查询 TAB 数组字模
            writeWei（wei）;                // 在相应的位显示
            delayms（2）;                   // 显示 2 ms 时间

            writeWei（0xff）;               // 熄灭所有位，消除重影
            wei=（wei<<1）|0×01;            // 选中下一个数码管
    }}

void main（）                              // 主函数
{ uchar i;
    for（i=0；i<8；i++）                    // 给显示缓冲区赋值为 01234567
    a[i]=i;

    while（1）                             // 循环显示
    display（）; }
```

【知识链接】Keil C51 的数据结构

1. 标识符

标识符就是编程时使用的表示某个事件名称的符号，如函数名、变量名、引脚名、特殊功能寄存器名等。标识符有系统标识符和用户自定义标识符之分。

标识符的命名规则如下：

（1）标识符第一个字符必须是字母或下划线。

（2）标识符只能由字母、数字和下划线三类字符组成。

（3）标识符是区分大小写的，如 A 和 a 是两个不同的标识符。

（4）标识符有效长度不超过 32 个字符。

（5）标识符不能是 Keil C51 的关键字。

2. 数据类型

（1）char：有符号字符型，一字节，值域：–128~127。

（2）int：有符号整型，两字节，值域：–32768~32767。

（3）long：有符号长整型，四字节，值域：–2147483648~2147483647。

（4）unsigned char：无符号字符型，一字节，值域：0~255。

（5）unsigned int：无符号整型，两字节，值域：0~65535。

（6）unsigned long：无符号长整型，四字节，值域：0~4294967295。

（7）float：浮点型（都是有符号的），四字节，值域：± 1.175494E–38~ ± 3.402823E+38。

（8）bit：位变量，一个二进制位，值域：0~1。

（9）sbit：51 单片机特殊功能寄存器位，值域：0~1。

（10）Sfr：51 单片机特殊功能寄存器，值域：0~255。

（11）sfr16：51 单片机特殊功能寄存器，如 DPTR，值域：0~65535。

（12）bit，sbit，sfr，sfr16：不是标准 C 的内容，是 51 单片机及 Keil C51 编译器特有的，不能用指针对它们进行操作。

3. 变量

Keil C51 规定所有变量在使用前都必须加以说明。变量说明语句由数据类型、可选的存储类型和其后的一个或多个变量名组成，形式如下：

数据类型 [存放类型] 变量表；

变量的作用范围：在花括号内说明（也称声明或定义）的变量，其作用范围仅限该花括号内，称为局部变量；在所有函数外面定义的变量，其作用范围是整个程序，称为全局变量。

静态变量：在类型前加关键词 static 说明的变量，称为静态变量。在函数内部定义的静态变量也是局部变量，但它在函数下次调用时，能保存上次调用的值。在函数外面定义的静态变量，是全局变量，但它只在当前 C 文件中有效，这样可以防止多个 C 文件中同名冲突。

4. 位变量

使用 Keil C 的关键字 sbit 来定义位变量。

第一种方法：sbit 位变量名 = 位地址值；

第二种方法：sbit 位变量名 = 字节名称 ^ 序号；

第三种方法：sbit 位变量名 = 字节地址值 ^ 序号。

5. 常量

常量就是不可改变的量，是一个常数。同变量一样，常量也可以有各种数据类型。常量可以用以下几种方式定义：

（1）宏定义

#define OFF 1 /* 定义常量标识符 OFF，其值为 1*/。

（2）使用 CODE 空间

char code array[]={1，2，3，4}；/* 定义一个常数表，存放在程序存储器中 */。

（3）常量定义关键词 const

const int MAX = 60。

（4）enum 枚举常量

enum switchENUM {ON，OFF}；/*ON 值为 0，OFF 值为 1*/。

七、单片机程序下载

YL-236 型单片机实训平台使用 YL-ISP 在线下载器在线下载程序，操作步骤如下：

（1）连接 YL-ISP 在线下载器，将在线下载器的排线与主机模块的 ISP 下载接口相连，并将在线下载器的 USB 接口与计算机的 USB 接口相连。

（2）启动 YL-ISP 在线下载器程序，检测下载器的连接状态。

（3）单击"选择器件"下拉按钮，选择需要的芯片型号。

（4）单击"调入 Flash 文件"栏中的文件夹图标，调入可执行文件（扩展名为 .hex），文件会自动加载。

（5）单击"自动编程"按钮写入程序，写入成功后，信息输出列表框中会反馈"操作成功"字样。

◇任务实施◇

一、硬件电路搭建

分析单片机控制数码管的动态显示电路，在 YL-236 型单片机实训平台上选取主机模块、电源模块和显示模块，搭建单片机控制数码管动态显示电路。

1. 模块选择

本任务所需要的模块具体如表 3-11 所示。

表 3-11　本任务所需要的模块

编号	模块代码	模块名称	模块接口
1	MCU01	主机模块	+5 V、GND、P1
2	MCU02	电源模块	+5 V、GND、
3	MCU04	显示模块	+5 V、GND、LED1~LED8

2 工具和器材

本任务所需要的工具和器材如表 3-12 所示。

表 3-12　表具和器材

编号	名称	型号及规格	数量	备注
1	数字万用表	MY-60	1 台	专配
2	斜口钳		1 把	
3	电子连接线	50 cm	20 根	红色、黑色线各 3 根，其他颜色线 14 根
4	塑料绑线		若干	

3. 电路搭建

搭建数码管动态显示仿真电路（如图 3-3 所示）的连接图。

二、程序代码的编写、编译

（1）启动 Keil C51 编程软件，新建工程、文件并均以 "SMG" 为名保存在文件夹中。

（2）在 SMG.c 文件的文本编辑器窗口中输入程序代码。

（3）编译源程序，排除程序输入错误，生成 SMG.hex 文件。

三、系统调试

系统调试的步骤如下：

（1）使用程序下载专配 USB 线将计算机的 USB 接口与单片机主机模块程序下载接口连接起来。

（2）打开电源总开关，启动程序下载软件，下载可执行文件至单片机中。

（3）观察 LED 状态，若实现任务要求，则系统调试完成；否则，需要进行故障排除。

◇任务评价◇

一、工艺性评分标准

工艺性评分标准如表 3-13 所示。

表 3-13　工艺性评分标准

评分项目	分值	评分标准	自我评分	组长评分
模块导线连接工艺（20分）	3	模块选择多于或少于任务要求的，每项扣1分，扣完为止		
	3	模块布置不合理，每个模块扣1分，扣完为止		
	3	电源线和数据线未进行颜色区分，导线选择不合理，每处扣1分，扣完为止		
	5	导线走线不合理，每处扣1分，扣完为止		
	3	导线整理不美观，扣除1~3分		
	3	导线连接不牢固，同一接线端子上连接多于2根导线的，每处扣1分，扣完为止		

小计（此项满分20分，最低0分）

二、功能评分标准

功能评分标准如表 3-14 所示。

表 3-14　功能评分标准

项目	评分项目	分值		评分标准	自我评分	组长评分
提交	电路搭建	70	40			
	程序加载		30			
基本任务	电源总开关控制	10	5			
	调试		5			

小计（此项满分80分，最低0分）

任务 4　制作电子秒表

◇任务要求◇

使用 YL-236 装置显示模块中的数码管显示器，模拟电子秒表，实现 0~999 的循环计数。

◇任务准备◇

一、设计仿真电路图

电子秒表仿真电路如图 3-5 所示。

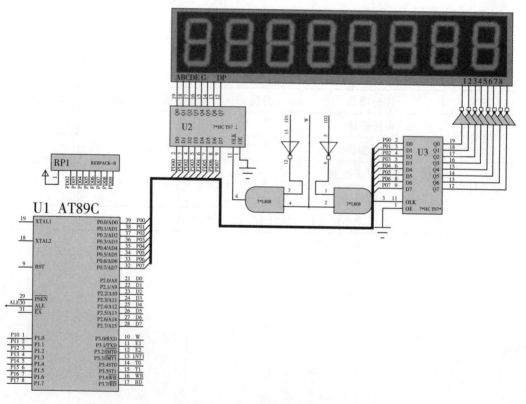

图 3-5　电子秒表仿真电路

二、动态显示程序设计方案

软件延时计时主要通过循环语句来实现。确定循环次数非常关键。

设置循环次数为 58 次，由于每位数码管延时 $2 \times 12/11.0592$ ms，58 次调用显示函数所花时间为 $58 \times 8 \times 2 \times 12/11.0592 = 1006.9$ ms，接近 1 s。

三、任务流程图

任务流程图如图 3-6 所示。

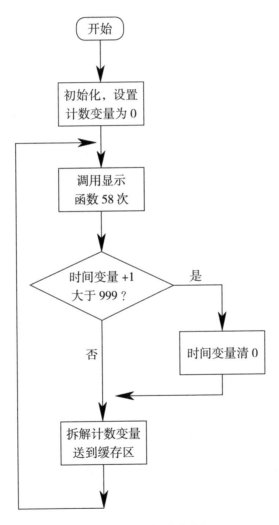

图 3-6 任务流程图

四、电子秒表参考程序

```
#include<reg52.h>
#include<intrins.h>
#define uint unsigned int
#define uchar unsigned char
#define out0 P0

sbit LED_CS1=P1^0;                        // 数码管段选信号端
sbit LED_CS2=P1^1;                        // 数码管位选信号端
sbit LED_WR=P1^2;                         // 数码管写信号端

uchar a[8];                               // 数码管八位显示缓冲区
uchar code TAB[]={                        // 共阳极数码管字模
                                          // 0123456789
    0xc0, 0xf9, 0xa4, 0xb0, 0x99, 0x92, 0x82, 0xf8, 0x80, 0x90,
                                          // abcdef
    0x88, 0x83, 0xc6, 0xa1, 0x86, 0x8e,
                                          // 熄灭 –
    0xff, 0xbf

};

void delayms（uint x）                      // 延时毫秒函数
{
    uchar i;
    while（x—）
    for（i=0；i<123；i++）;
}

void delayus（uchar x）                     // 延时微秒函数
{
    while（—x）;
}

void writeDuan（uchar x）                   // 写段码函数
{
```

```
        out0=x;
        _nop_ ( ) ;

        LED_CS1=0;
        LED_WR=0;
        _nop_ ( ) ;
        LED_WR=1;
        LED_CS1=1;
}

void writeWei ( uchar x )                    // 写位码函数
{
        out0=x;
        _nop_ ( ) ;

        LED_CS2=0;
        LED_WR=0;
        _nop_ ( ) ;
        LED_WR=1;
        LED_CS2=1;
}

void display ( )                             // 显示函数
{
        uchar i;
        uchar wei=0xfe;

        for ( i=0; i<8; i++ )
        {
                writeDuan ( TAB[a[i]] ) ;
                writeWei ( wei ) ;
                delayms ( 2 ) ;

                writeWei ( 0xff ) ;
                wei= ( wei<<1 ) |0x01;
        }
}
```

```
void main（ ）                              // 主函数
{
    uchar i；
    uint num；

    for（ i=3；i<8；i++ ）                   // 给部分显示缓冲区赋值熄灭字符
    a[i]=16；

    num=0；                                 // 从 0 开始计时
    a[2]=0；                                // 显示时间的百位
    a[1]=0；                                // 显示时间的十位
    a[0]=0；                                // 显示时间的个位

    while（ 1 ）                            // 循环显示
    {
        for（ i=0；i<58；i++ ）
        display（ ）；

        num++；
        if（ num>999 ）                     // 计时范围 0~999s
        num=0；

        a[2]=num/100；                      // 显示时间的百位
        a[1]=num/10%10；                    // 显示时间的十位
        a[0]=num%10；                       // 显示时间的个位
    }
}
```

【知识链接】C 语言程序结构

  从程序流程的角度看，C 语言结构程序可以分为三种基本结构，即顺序结构、分支结构（选择结构）、循环结构（重复结构）。这三种基本结构可以组成所有的复杂程序。C 语言提供多种语句来实现这些程序结构。

  1. if 语句

  if（表达式）语句 1；

2．if（表达式）

{

语句1；

语句2；

…

语句n；

}

3．if-else 形式

if（表达式）语句1；

else 语句2；

4．if-else if-else 形式

if（表达式1）

语句1；

else if（表达式2）

语句2；

else if（表达式3）

语句3；

…

else

语句n；

5.switch-case

switch（变量）

{

case 常量1：

语句1或空；

case 常量2：

语句2或空；

…

case 常量n：

语句n或空；

default：

语句n+1或空；

}

执行 switch 开关语句时，首选测试变量的值，并直接跳到与变量值相等的 case 常量处开始往下执行。若不与任何一个常量相等，则执行 default 后面的语句。

注意：

（1）switch 中变量可以是数值，也可以是字符，但必须是整数。

（2）case 的个数可以根据需要增减，也可以不使用 default。

（3）每个 case 或 default 后的语句可以有很多，但不需要使用"｛""｝"括起来。

（4）执行完一个 case 语句后面的程序后，它并不主动跳出 switch 的花括号，而是继续往下顺序执行。除非利用 break 语句跳出。

6. for 循环

for（＜初始化＞；＜条件表达式＞；＜增量＞）

｛

语句组；

｝

For 的执行流程是：初始化→条件表达式为"真"→语句组→增量→条件表达式为"真"→…→语句组→增量→条件表达式为"真"→语句组→增量→条件表达式为"假"→结束。

初始化是进入循环时执行的语句，通常是一个赋值语句，它用来给循环控制变量赋初值；条件表达式是一个关系表达式，它决定什么时候退出循环；增量可以控制循环次数，定义循环控制变量每循环一次后按什么方式变化。注意：这三个部分之间用"；"分开，而不是"，"。

例如：

for（i=1；i<=10；i++）

j=i*3；

上例中，先给 i 赋初值 1，判断 i 是否小于等于 10，若是则执行语句 j=i*3，之后 i 值增加 1。再重新判断，直到条件为假，即 i>10 时，结束循环。

注意：

（1）语句组如果是一条语句，"｛""｝"可以省略。

（2）for 循环中的初始化、条件表达式和增量都是选择项，即可缺省，但"；"不能缺省。省略了初始化，表示不对循环控制变量赋初值，省略了条件表达式，则不做判断，便成为死循环，省略了增量，则不对循环控制变量进行操作，这时可在语句组中加入修改循环控制变量的语句。初始化、条件表达式和增量可以是对不同的变量进行测试，也可以是复合语句，以期获得特殊的循环效果。

（3）for 循环可以有多层嵌套。

7. while 循环

while（条件）

```
{
语句组；
}
```

while 循环表示当条件为真时，便执行语句，直到条件为假时才结束循环，并继续执行循环程序外的后续语句。while 循环总是在循环的头部检验条件，这就意味着，循环可能什么也不执行就直接退出。

注意：

（1）在 while 循环体内允许空语句。

（2）可以有多层循环嵌套。

（3）语句组如果是一条语句，"{" "}"可以省略。

8. do-while 循环

```
do {
语句块；
} while（条件）
```

这个循环与 while 循环的不同在于，它先执行循环中的语句，然后再判断条件是否为真，如果为真则继续循环；如果为假，则终止循环。因此，do-while 循环至少会执行一次循环语句。

9. 循环控制

（1）break 语句。

break 语句通常用在循环语句和开关语句中。程序遇上 break 语句时，会跳出当前循环或 switch 语句。通常 break 语句总是与 if 语句联在一起使用，即满足某条件时便跳出。

注意：

① break 语句对 if-else 的条件语句不起作用。

② 在多层循环中，一个 break 语句只向外跳一层。

③ 如果有多层嵌套的循环，想从最里层跳出到最外层之外时，可用 goto 语句。

（2）continue 语句。

continue 语句的作用是跳过本次循环本中剩余的语句而强行执行下一次循环，即结束本次循环，根据条件进入下一轮循环。

（3）goto 语句。

goto 语句是一种无条件转移语句，格式为：

goto 标号；

"标号"，函数内部用一个有效的"标识符"，后面跟一个"："，这样标识的行可以用 goto 语句做的跳转目标。执行 goto 语句后，程序将跳转到该标号处并执行其后的语句。标号必须与 goto 语句同处于一个函数中，但可以不在一个循环层中。通常，goto 语句与 if 条件语句连用，当满足某一条件时，程序跳到标号处运行。这里，我们不提倡使用 goto 语句，因为它会使程序层次不清，但在多层嵌套退出时，用 goto 语句则比较合理。所有的 goto 语句其实都是可以用 break，continue 语句代替的。

五、单片机程序下载

YL–236 型单片机实训平台使用 YL–ISP 在线下载器在线下载程序，操作步骤如下：

（1）连接 YL–ISP 在线下载器，将在线下载器的排线与主机模块的 ISP 下载接口相连，并将在线下载器的 USB 接口与计算机的 USB 接口相连。

（2）启动 YL–ISP 在线下载器程序，检测下载器的连接状态。

（3）单击"选择器件"下拉按钮，选择需要的芯片型号。

（4）单击"调入 Flash 文件"栏中的文件夹图标，调入可执行文件（扩展名为 .hex），文件会自动加载。

（5）单击"自动编程"按钮写入程序，写入成功后，信息输出列表框中会反馈"操作成功"字样。

◇任务实施◇

一、硬件电路搭建

分析单片机控制数码管动态显示电路，在 YL–236 型单片机实训平台上选取主机模块、电源模块和显示模块，搭建单片机控制数码管动态显示电路。

1. 模块选择

本任务所需要的模块如表 3–15 所示。

表 3–15 本任务所需要的模块

编号	模块代码	模块名称	模块接口
1	MCU01	主机模块	+5 V、GND、P1
2	MCU02	电源模块	+5 V、GND、
3	MCU04	显示模块	+5 V、GND、LED1~LED8

2. 工具和器材

本任务所需要的工具和器材如表 3–16 所示。

表3-16 工具和器材

编号	名称	型号及规格	数量	备注
1	数字万用表	MY-60	1台	专配
2	斜口钳		1把	
3	电子连接线	50cm	20根	红色、黑色线各3根,其他颜色线14根
4	塑料绑线		若干	

3. 电路搭建

搭建电子秒表仿真电路(如图3-6所示)的连接图。

二、程序代码的编写、编译

(1)启动 Keil C51 编程软件,新建工程、文件并均以"SMG"为名保存在文件夹中。

(2)在 SMG.c 文件的文本编辑器窗口中输入程序代码。

(3)编译源程序,排除程序输入错误,生成 SMG.hex 文件。

三、系统调试

系统调试的步骤如下:

(1)使用程序下载专配 USB 线将计算机的 USB 接口与单片机主机模块程序下载接口连接起来。

(2)打开电源总开关,启动程序下载软件,下载可执行文件至单片机中。

(3)观察 LED 状态,若实现任务要求,则系统调试完成;否则,需要进行故障排除。

◇任务评价◇

一、工艺性评分标准

工艺性评分标准如表3-17所示。

表 3-17　工艺性评分标准

评分项目	分值	评分标准	自我评分	组长评分
模块导线连接工艺（20分）	3	模块选择多于或少于任务要求的，每项扣1分，扣完为止		
	3	模块布置不合理，每个模块扣1分，扣完为止		
	3	电源线和数据线未进行颜色区分，导线选择不合理，每处扣1分，扣完为止		
	5	导线走线不合理，每处扣1分，扣完为止		
	3	导线整理不美观，扣除1~3分		
	3	导线连接不牢固，同一接线端子上连接多于2根导线的，每处扣1分，扣完为止		
小计（此项满分20分，最低0分）				

二、功能评分标准

功能评分标准如表 3-18 所示。

表 3-18　功能评分标准

项目	评分项目	分值		评分标准	自我评分	组长评分
提交	电路搭建	70	40			
	程序加载		30			
基本任务	电源总开关控制	10	5			
	调试		5			
小计（此项满分80分，最低0分）						

项目四　指令模块

任务 1　按键计数器

◇任务要求◇

利用 YL-236 型单片机实训平台搭建一个按键计数器系统，要求具有以下功能：使用 8 个独立按键，按下任意键，在八位数码管的右两位显示按下按键的次数（00~99），其余数码管显示"—"。

◇任务准备◇

一、MCU06 指令模块简介

MCU06 指令模块的布局如图 4-1 所示。

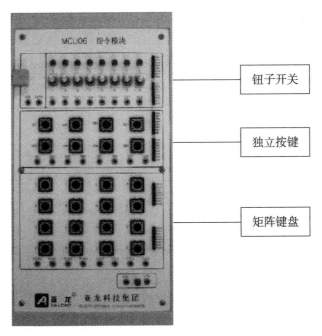

图 4-1　指令模块的布局

二、独立按键的工作原理

独立式按键是直接用 I/O 口线构成的按键检测电路，其特点是每个按键单独占用一个 I/O 口，每个按键的工作不会影响其他 I/O 线的状态。独立式按键的典型应用如图 4-2 所示。

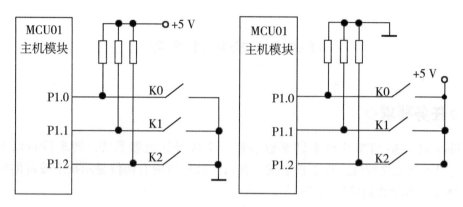

图 4-2　独立按键的典型应用

1. 独立按键优缺点

优点：电路配置灵活，软件结构简单。

缺点：按键较多时，占用较多的 I/O 口。

2. 独立按键的抖动过程

目前常用的按键大部分都是机械式按键，机械式按键闭合与断开的瞬间均有抖动过程，抖动过程如图 4-3 所示，抖动时间的长短与按键的机械特性相关，一般为 5~25 ms。

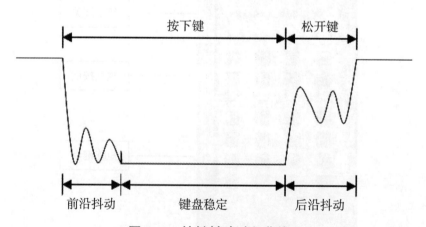

图 4-3　按键抖动过程曲线

3. 消抖的方法

在触点抖动期间检测按键的通断状态，可能会导致判断出错，即按键的一次按下或释放被错误地判别为多次按下。因此，需要采取消抖的方法。

（1）硬件消抖：在按键输出端加 RS 触发器（双稳态触发器）或单稳态触发器，构成去抖动电路。

（2）软件消抖：在检测到有按键按下时，执行一个 5~10 ms 的延时程序后，若再次检测仍保持闭合状态电平，则确认该键有效，否则按键无效。

◇任务实施◇

一、硬件电路搭建

本项目需在 YL-236 型单片机实训平台上选用四个模块，即主机模块、电源模块、指令模块和显示模块，搭建按键计数器系统。

1. 模块选择

本任务所需要的模块如表 4-1 所示。

表 4-1　本任务所需要的模块

编号	模块代码	模块名称	模块接口
1	MCU01	主机模块	+5 V、GND、P0、P1.0~P1.2、P2
2	MCU02	电源模块	+5 V、GND
3	MCU04	显示模块	+5 V、GND、数码管 CS1、CS2、WR、D0~D7
4	MCU06	指令模块	+5 V、GND、SB1~SB8

2. 工具和器材

本任务所需要的工具和器材如表 4-2 所示。

表 4-2　工具和器材

编号	名称	型号及规格	数量	备注
1	数字万用表	MY-60	1 台	专配
2	斜口钳		1 把	
3	电子连接线	50 cm	20 根	红色、黑色线各 3 根，其他颜色线 14 根
4	排线	30 cm	2 根	
5	塑料绑线		若干	

3. 电路搭建

结合 YL-236 型单片机实训平台主机模块和显示模块，按照图 4-4 连接电路。

C51 单片机一体化实训教程

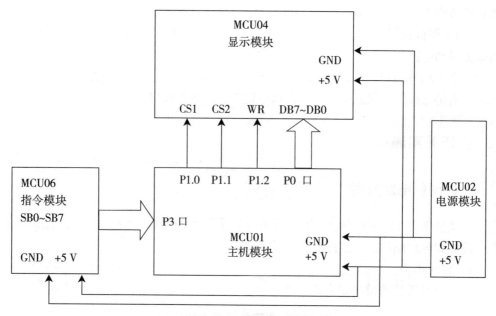

图 4-4　硬件接线图

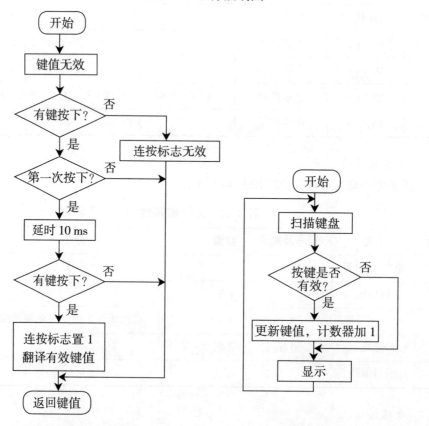

（a）按键扫描程序流程图　　　　（b）按键计数器主函数的流程图

图 4-5　按键计数器的程序流程图

二、程序代码的编写、编译

1. 启动 KeilC 编程软件，新建工程、文件并均以"key"为名保存在文件夹中。

2. 在 key.c 文件的文本编辑器窗口中输入程序代码。

3. 编译源程序，排除程序输入错误，生成 key.hex 文件。

程序流程图如图 4-5 所示。

参考程序：

```
#include<reg52.h>                        // 包含 reg52 头文件
#include<intrins.h>                       // 包含 intrins 头文件
#define uint unsigned int                  // 无符号整型定义
#define uchar unsigned char                // 无符号字符型定义
#define out0 P0                            // 定义 out0 为 P0 口
#define key P2

sbit cs1=P1^0;                            // 数码管段选信号端
sbit cs2=P1^1;                            // 数码管位选信号端
sbit smgwr=P1^2;                          // 数码管写信号端
uchar code tab1[]={                        // 共阳极数码管字模
0xc0, 0xf9, 0xa4, 0xb0, 0x99, 0x92, 0x82, 0xf8, 0x80, 0x90,
                                          // 0123456789
           0xbf                           // -
};
uchar tab2[8]={10, 10, 10, 10, 10, 10, 0, 0};
                                          // 数码管八位显示缓冲区
uchar lian;                               // 连按标志位
uchar keynum;                             // 键值
void delayms（uint x）                     // 毫秒级延时函数
{
uchar i;
while（x—）
for（i=0; i<123; i++）;
}
void xianshi（）                           // 显示函数
{
uchar i;
uchar wei=0xfe;                           // 位码赋初值选中第 0 个数码管
```

```
    for（i=0；i<8；i++）
    {
out0=tab1[tab2[i]];
cs1=0；smgwr=0；smgwr=1；cs1=1；          // 送段码
        out0=wei；
cs2=0；smgwr=0；smgwr=1；cs2=1；          // 送位码
delayms（2）；                           // 显示2毫秒时间

        wei=（wei<<1）|0x01；            // 选中下一个数码管
    }
}
void scanKey（）                         // 键盘函数
{
    uchar keypress；                     // 临时键值
    keynum=0xff；                        // 键值无效
    key=0xff；                           // 准备读
    _nop_（）；
    keypress=key；                       // 读出临时键值
    if（keypress！=0xff）                 // 是否有键按下
    {
    if（lian==0）                         // 判断连按标志 =0（第一次按下）=1
（连按）
        {
        delayms（10）；                   // 消抖
        keypress=key；                   // 读出临时键值
        if（keypress！=0xff）             // 再次判断是否有键按下
            {
            lian=1；                      // 连按标志位置位
            switch（keypress）            // 译键值
                {
            case 0xfe：keynum=1；             break；
            case 0×fd：keynum=2；             break；
            case 0xfb：keynum=3；             break；
            case 0xf7：keynum=4；             break；
            case 0xef：keynum=5；             break；
            case 0xdf：keynum=6；             break；
            case 0xbf：keynum=7；             break；
```

```
            case 0x7f：keynum=8；          break；
            default：lian=0；              break；


                        }
                }
        }
    else                              // 若无键按下
    lian=0；                          // 连按标志位复位
}
void main（）                         // 主函数
{
    uchar number=0；
            while（1）                 // 主循环
    {
            scanKey（）；              // 扫键盘
            if（keynum！=0xff）        // 键值有效
            {
                    number++；         // 计数加 1
                    if（number>99）
                    number=0；         // 数值超过 99，清零
                    tab2[1]=number/10；// 显示十位
                    tab2[0]=number%10；// 显示个位
            }
            xianshi（）；              // 显示
    }
}
```

【知识链接】Keil C51 的运算符

1. 赋值运算符（＝）

"="赋值语句的作用是把某个常量或变量或表达式的值赋值给另一个变量。

注意：这里并不是等于的意思，只是赋值，等于用"=="表示。

例如：count=5；

total1=total2=0；　　// 同时赋值给两个变量

2. 算术运算符（+，-，*，/，%，++，—）

+：加，单目正；-：减，单目负；*：乘法；/：除法；%：取模；

++: 自加 1（++a，先自加，再赋值；a++，先赋值，再自加）；

－－: 自减 1（－－a，先自减，再赋值；a－－，先赋值，再自减）。

3. 逻辑运算符（&&，||，！）

逻辑运算符是根据表达式的值来返回真或假。非 0 为真值，0 为假值。

&&: 逻辑与；||: 逻辑或；！: 逻辑非。

4. 关系运算符（>，<，>=，<=，==，！=）

关系运算符是对两个表达式进行比较，返回一个真、假值。

>: 大于，如 4>5 的值为 0，4>2 的值为 1。

<: 小于

>=: 大于等于

<=: 小于等于

==: 等于

！=: 不等于

这些运算符都很简单，但要注意等于"=="和赋值"="的区别，看下面的代码：

条件判断：if（a = 3）{...}

应该是：if（a==3）{...}

5. 位运算（&，|，^，~，>>，<<）

&: 按位逻辑与，如 0x0f & 0x33，结果是 0x03。

|: 按位逻辑或，如 0x0f | 0x33，结果是 0x3f。

^: 按位逻辑异或，如 0x0f ^ 0x33，结果是 0x3c。

~: 按位取反，如 ~0x33，结果是 0xcc。

>>: 右移，移出丢去，移入补 0。如 0x33>>1，结果是 0x19。

<<: 右移，移出丢去，移入补 0。如 0x33<<2，结果是 0xcc。

6. 复合赋值运算符（+=，－=，*=，/=，%=，<<=，>>=，&=，|=，^=）

a+=b: 相当于 a=a+b。

a－=b: 相当于 a=a－b。

a*=b: 相当于 a=a*b。

a/=b: 相当于 a=a/b。

a%=b: 相当于 a=a%b。

a<<=b: 相当于 a=a<<b。

a>>=b: 相当于 a=a>>b。

a&=b: 相当于 a=a&b。

a|=b: 相当于 a=a|b。

a^=b: 相当于 a=a^b。

7. 问号表达式（？：）

< 表达式 1> ？ < 表达式 2>：< 表达式 3>

在运算中，首先对第一个表达式进行检验，如果为真，则返回表达式 2 的值；如果为假，则返回表达式 3 的值。这是一种"二选一"的表达式。

例如：

a =（b>0）?（2*3）: 7；// 当 b>0 时，a=6；当 b 不大于 0 时，a=7。

8. 逗号运算符（，）

多个表达式可以用逗号分开，其中用逗号分开的表达式的值分别结算，但整个表达式的值是最后一个表达式的值。

例如：

b=1；

c=2；

d=3；

a1=（++b，c—，d+3）；　// 先选括号，再赋值，a1 取 d+3，即 a1=6

a2=++b，c—，d+3；　// 赋值优先级高，所以 a2 取 ++b，即 a2=2

9．运算符的优先级

（1）语句。

①赋值语句。

例如：

A=1+2；

T=Counter/3+5；

Area=Height*Width；

赋值不是"代数方程"，特别注意：

Num=Num+1；// 这显然不是一个等式，这是把 Num+1 的值赋给变量 Num

②用逗号分隔开的声明语句。

Char　Area，Height，Width；

也可以把标识符写在不同的行上，例如：

float Area，

Height，

Width；

这样便于给每个标识符后边加上注释。

在声明变量的时候，也可以直接给变量赋值，这叫做变量的初始化。

例如：int　a=3；

也可以只初始化部分变量，例如：

int a=3，b，c=5；

int a=3，b=a，c=5；

③关于标准输入输出语句

51单片机的C语言程序中可以使用控制台格式化输入、输出函数 scanf（）和 printf（），但因为单片机程序使用这两个函数不是很方便，所以不做介绍。

10. 注释

（1）单行注释。

一行中，在"//"后面的内容，被解释为注释。

（2）多行注释。

以"/*"开头，用"*/"结尾，即 /*...*/ 中间的内容被解释为注释。

三、系统调试

系统调试的步骤如下：

（1）使用程序下载专配USB线将计算机的USB接口与单片机主机模块程序下载接口连接起来。

（2）打开电源总开关，启动程序下载软件，下载可执行文件至单片机中。

（3）按下任意独立按键，并观察数码管显示情况，若实现任务要求，则系统调试完成；否则，需要进行故障排除。

◇任务评价◇

一、工艺性评分标准

工艺性评分标准如表4-3所示。

表4-3　工艺性评分标准

评分项目	分值	评分标准	自我评分	组长评分
模块导线连接工艺（20分）	3	模块选择多于或少于任务要求的，每项扣1分，扣完为止		
	3	模块布置不合理，每个模块扣1分，扣完为止		
	3	电源线和数据线未进行颜色区分，导线选择不合理，每处扣1分，扣完为止		
	5	导线走线不合理，每处扣1分，扣完为止		
	3	导线整理不美观，扣除1~3分		
	3	导线连接不牢固，同一接线端子上连接多于2根导线的，每处扣1分，扣完为止		
小计（此项满分20分，最低0分）				

二、功能评分标准

功能评分标准如表4-4所示。

表4-4　功能评分标准

项目	评分项目	分值		评分标准	自我评分	组长评分
提交	电路搭建	20	10			
	程序下载		10			
基本任务	数码管初始显示正确	60	20			
	按键次数累加效果正确		30			
	若按下次数超过99后，能自动清零重新计数		10			

小计（此项满分80分，最低0分）

任务 2 基于矩阵键盘的按键编号显示

◇任务要求◇

利用 YL-236 型单片机实训平台搭建一个按键编号显示系统，要求具有以下功能：

（1）使用矩阵键盘，按下任意键，在八位数码管的右两位显示按下按键的编号（00~15），其余数码管熄灭。

（2）消抖方法选用状态机消抖法。

◇任务准备◇

矩阵键盘的工作原理

矩阵键盘又称行列式键盘，由行线、列线及多个按键组成。按键位于行、列线的交叉点上，行、列线分别连接到按键的两端，列线通过上拉电阻连接到 +5 V 上，结构如图 4-6 所示。

单片机的一些 I/O 口与行线、列线相连，并通过行线（或列线）输出低电平，检测列线（或行线）的反馈信号，从而判定是哪行哪列处的按键被按下。4×4 矩阵键盘可以扫描 16 个按键，也可变化为 2×3 矩阵键盘（6 个按键）、4×5 矩阵键盘（20 个按键）等形式。矩阵键盘接口电路如图 4-6 所示。

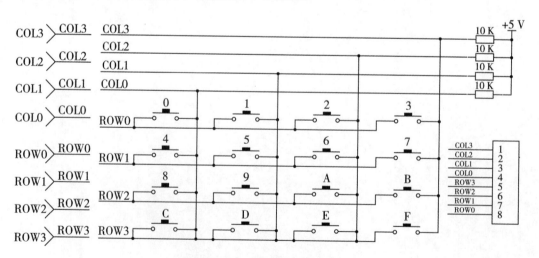

图 4-6 矩阵键盘接口电路

1. 反转法介绍

矩阵键盘扫描最常使用反转法，当使用反转法时，键盘的行、列线都要通过上拉电阻连接到 +5 V 上（单片机 P1~P3 口内部均有上拉电阻）。反转法只要经过以下两步就能确定按下键的行列值。

首先，将矩阵键盘的行线设为输出线，列线设为输入线，使行线全部输出低电平，当某列线出现低电平时，则该列为按键所在列。

其次，将矩阵键盘的行列线功能反转：将列线设为输出线，行线设为输入线，使列线全部输出低电平，当某行线出现低电平时，则该行为按键所在行。

2. 状态机消抖法

（1）延时消抖的缺点。

系统检测到有按键被按下后，延时 10~20 ms 后，再检测按键状态，如果仍为按下状态，则确认按键有效。这种方法的缺点是：延时期间单片机无法进行其他工作，使单片机的效率降低。为了解决上述问题，我们引入有限状态机的思想。

（2）按键的状态机。

有限状态机（FSM）是实时系统设计中的一种数学模型，是一种重要的、易于建立的、应用比较广泛的、以描述控制特性为主的建模方法，它可以应用于从系统分析到设计（包括硬件、软件）的所有阶段。

一般有两种方法建立有限状态机：状态转移图和状态转移表。其中状态转移图如图 4-7 所示，它能够清楚、直观地看清各状态间的关系，便于对系统进行分析。

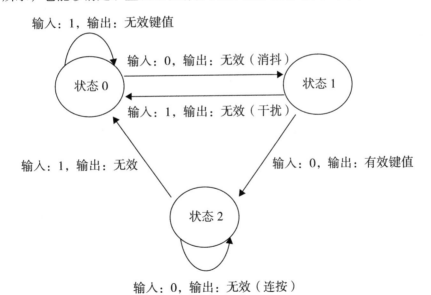

图 4-7　按键有限状态机的状态转换图

（3）有限状态机。

把按键看成是一个有限状态机，首先要对一次按键操作和确认的过程进行分析，根据实际情况确定按键在整个过程中的状态，每个状态的输入及输出信号，以及各状态间的转换关系，最后要考虑状态机的时间间隔（节拍）问题。

由于按键扫描中需要进行消抖处理，因此取状态机的时间间隔为 10 ms，这样既达到消抖的目的，又使单片机能处理其他任务，提高了系统工作效率。

◇**任务实施**◇

一、硬件电路搭建

本项目需在 YL-236 型单片机实训平台上选用四个模块：主机模块、电源模块、指令模块和显示模块，搭建按键计数器系统。

1. 模块选择

本任务所需要的模块如表 4-5 所示。

表 4-5　本任务所需要的模块

编号	模块代码	模块名称	模块接口
1	MCU01	主机模块	+5V、GND、P0、P1.0–P1.2、P2
2	MCU02	电源模块	+5V、GND
3	MCU04	显示模块	+5V、GND、数码管 cs1、cs2、wr、D0–D7
4	MCU06	指令模块	+5V、GND、row0–col3

2. 工具和器材

本任务所需要的工具和器材如表 4-6 所示。

表 4-6　工具和器材

编号	名称	型号及规格	数量	备注
1	数字万用表	MY-60	1 台	专配
2	斜口钳		1 把	
3	电子连接线	50 cm	20 根	红色、黑色线各 3 根，其他颜色线 14 根
4	排线	30 cm	2 根	
4	塑料绑线		若干	

3. 电路搭建

结合 YL-236 型单片机实训平台主机模块和显示模块，按照图 4-8 连接电路。

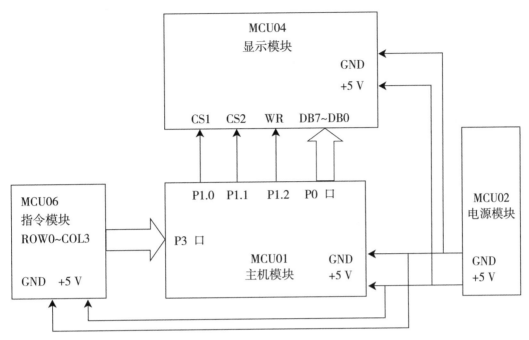

图 4-8　硬件接线图

二、程序代码的编写、编译

（1）启动 Keil C51 编程软件，新建工程、文件并均以"keynum"为名保存在文件夹中。

（2）在 keynum.c 文件的文本编辑器窗口中输入程序代码。

（3）编译源程序，排除程序输入错误，生成 keynum.hex 文件。

```
#include<reg52.h>                    // 包含 reg52 头文件
#include<intrins.h>                  // 包含 intrins 头文件
#define uint unsigned int            // 无符号整型定义
#define uchar unsigned char          // 无符号字符型定义
#define out0 P0                      // 定义 out0 为 P0 口
#define key P2
sbit cs1=P1^0;                       // 数码管段选信号端
sbit cs2=P1^1;                       // 数码管位选信号端
sbit smgwr=P1^2;                     // 数码管写信号端
uchar code tab1[]={                  // 共阳极数码管字模
0xc0, 0xf9, 0xa4, 0xb0, 0x99, 0x92, 0x82, 0xf8, 0x80, 0x90,
                                     // 0123456789
0xff                                 // 熄灭
```

项目四　指令模块

```
};
    uchar tab2[8]={10, 10, 10, 10, 10, 10, 0, 0};
                                                    // 数码管八位显示缓冲区
    uchar lian;                                     // 连按标志位
    uchar keynum;                                   // 键值
    uchar keystate;                                 // 按键状态机：0=空闲,
                                                    // 1=消抖期；2=连按
    void delayms (uint x)                           // 毫秒级延时函数
    {
        uchar i;
        while (x—)
        for (i=0; i<123; i++);
    }
    void xianshi ()                                 // 显示函数
    {
        uchar i;
        uchar wei=0xfe;                             // 位码赋初值选中第0个数码管

        for (i=0; i<8; i++)
        {
out0=tab1[tab2[i]];
        cs1=0; smgwr=0; smgwr=1; cs1=1;             // 送段码
         out0=wei;
        cs2=0; smgwr=0; smgwr=1; cs2=1;             // 送位码
    delayms (2);                                    // 显示 2ms 时间
                wei= (wei<<1) |0x01;                // 选中下一个数码管
        }
    }
    void scanKey ()                                 // 键盘函数
    {
        uchar keypress;                             // 临时键值
        uchar col;                                  // 键盘列信息
        uchar row;                                  // 键盘行信息
        keynum=0xff;                                // 键值无效
        key=0xf0;                                   // 低4位输出0（扫描），高4位输出
1（回读）
        _nop_ ();
```

```
        col=key&0xf0;                    // 取列值
        key=0x0f;                             // 反转：高 4 位输出 0（扫描），低 4
位输出 1（回读）
        _nop_（）；
        row=key&0x0f;                    // 取行值
        keypress=col|row;                // 合成键值
        if（keypress！=0xff）            // 是否有键按下
        {
               switch（keystate）          // 状态 switch
                 {
            case 0：keystate=1；break；
                                           // 若为空闲状态则状态为 1（去抖）
                    case 1：              // 确认有键按下
                    {
                    keystate=2；          // 转入连按无效状态
                    switch（keypress）     // 译键值
                         {
                    case 0xee：keynum=0；break；
                    case 0xde：keynum=1；break；
                    case 0xbe：keynum=2；break；
                    case 0x7e：keynum=3；break；

                    case 0xed：keynum=4；break；
                    case 0xdd：keynum=5；break；
                    case 0xbd：keynum=6；break；
                    case 0x7d：keynum=7；break；

                    case 0xeb：keynum=8；break；
                    case 0xdb：keynum=9；break；
                    case 0xbb：keynum=10；break；
                    case 0x7b：keynum=11；break；

                    case 0xe7：keynum=12；break；
                    case 0xd7：keynum=13；break；
                    case 0xb7：keynum=14；break；
                    case 0x77：keynum=15；break；
                    default：keystate=0；break；
```

```
                                            // 若为干扰    ，无效
                        }
                    }
                }
            }
        else                                // 若无键按下
        keystate=0;                         // 状态复位
    }
}
void main（）                                // 主函数
{
        while（1）                           // 主循环
    {
        scanKey（）；                        // 扫键盘
        if（keynum！=0xff）                  // 键值有效
        {
            tab2[1]=keynum/10;              // 显示十位
            tab2[0]=keynum%10;              // 显示个位
        }
        xianshi（）；                        // 显示
    }
}
```

三、系统调试

系统调试的步骤如下：

（1）使用程序下载专配 USB 线将计算机的 USB 接口与单片机主机模块程序下载接口连接起来。

（2）打开电源总开关，启动程序下载软件，下载可执行文件至单片机中。

（3）按下任意独立按键，并观察数码管显示情况，若实现任务要求，则系统调试完成；否则，需要进行故障排除。

◇任务评价◇

一、工艺性评分标准

工艺性评分标准如表 4-7 所示。

表 4-7　工艺性评分标准

评分项目	分值	评分标准	自我评分	组长评分
模块导线连接工艺（20分）	3	模块选择多于或少于任务要求的，每项扣 1 分，扣完为止		
	3	模块布置不合理，每个模块扣 1 分，扣完为止		
	3	电源线和数据线未进行颜色区分，导线选择不合理，每处扣 1 分，扣完为止		
	5	导线走线不合理，每处扣 1 分，扣完为止		
	3	导线整理不美观，扣除 1~3 分		
	3	导线连接不牢固，同一接线端子上连接多于 2 根导线的，每处扣 1 分，扣完为止		
小计（此项满分 20 分，最低 0 分）				

二、功能评分标准

功能评分标准如表 4-8 所示。

表 4-8　功能评分标准

项目	评分项目	分值		评分标准	自我评分	组长评分
提交	电路搭建	20	10			
	程序下载		10			
基本任务	数码管初始显示正确	60	20			
	状态机消抖法正确使用		15			
	按键编号显示正确		25			
小计（此项满分 80 分，最低 0 分）						

项目五　液晶显示设计

任务 1　字符型液晶显示模块 RTC1602 的使用

◇任务要求◇

学习 RTC1602 液晶模块的显示原理和使用方法，在 1602 液晶的第一行显示字符"welcome！"，第二行显示当天的日期，例如：2020-05-01。

◇任务准备◇

一、RTC1602 液晶简介

字符型液晶显示模块 RTC1602 是专门用于显示字母、数字、符号等的点阵型液晶显示模块。RTC1602 能够显示两行，每行可显示 16 个字符。

MCU04 显示模块中的 RTC1602 模块外观结构如图 5-1 所示。

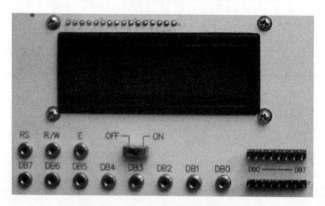

图 5-1　RTC1602 液晶模块

二、RTC1602 主要硬件构成

字符型液晶显示模块 RTC1602 内部主要由 LCD 显示屏、控制器、驱动器和偏压

产生电路构成。图 5-2 所示为 RTC1602 的结构框图。

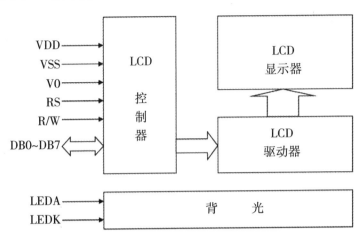

图 5-2　RTC1602 的结构框图

字符型液晶显示模块 RTC1602 的接口定义如表 5-1 所示。

表 5-1　RTC1602 模块的接口定义

管脚号	管脚名称	方向	管脚功能描述
1	VSS	——	电源地（0 V）
2	VDD	——	模块电源正极（＋5 V）
3	V0	——	对比度调节端
4	RS	I	数据／指令寄存器选择端
			RS=0：选择指令
			RS=1：选择数据
			读写选择端
5	R/W	I	R/W=0：写操作；R/W=1：读操作。
6	E	I	使能端
7	DB0	I/O	数据线
8	DB1	I/O	数据线
9	DB2	I/O	数据线
10	DB3	I/O	数据线
11	DB4	I/O	数据线
12	DB5	I/O	数据线

续表

管脚号	管脚名称	方向	管脚功能描述
13	DB6	I/O	数据线
14	DB7	I/O	数据线
15	LEDA	——	LED 背光源正极（＋5 V）
16	LEDK	——	LED 背光源负极（0 V）

三、RTC1602 的控制寄存器

1. 指令寄存器（IR）

指令寄存器存储单片机要发送给 LCD 的指令码。

2. 数据寄存器（DR）

数据寄存器存储写入 DDRAM 或 CGRAM 的数据，或者要从 DDRAM 或 CGRAM 读出的数据。

3. 忙标志（BF）

忙标志 BF=1 时，表明模块正在进行内部操作，此时不接受任何外部指令和数据。每次操作之前最好先进行状态字检测，只有确认 BF=0 之后，单片机才能访问模块。

4. 地址计数器（AC）

地址计数器是 DDRAM 或者 CGRAM 的地址指针。随着 IR 中指令码的写入，指令码中携带的地址信息会自动送入 AC 中，并做出 AC 作为 DDRAM 的地址指针还是 CGRAM 地址针的选择。

AC 具有自动加 1 或者减 1 的功能。当 DR 与 DDRAM 或者 CGRAM 之间完成一次数据传送后，AC 会自动加 1 或减 1。

5. 显示数据寄存器（DDRAM）

显示数据寄存器存储显示字符的字符码，能存储 80 个字符。

6. 字符产生器（CGROM）

字符产生器存储了 192 个 5×7 点阵字符和 32 种 5×10 点阵字符，每个字符分别与 8 位字符编码对应。例如，查表可知大写的英文字"P"对应的 8 位字符编码为 01010000B（0x50），显示时将地址为 0x50 单元中的点阵字符图形显示出来，这样就形成了"P"的图形。

7. 字符产生器（CGRAM）

根据实际的需要，用户可以存储特殊的字符码。

四、RTC1602 的指令系统

单片机是通过控制 H4730 来控制 RTC（1602）进行显示的。控制指令有 9 种，各种指令格式及功能说明见表 5-2。

表 5-2　RTC1602 指令表

命令	RS	R/W	DB7	DB6	DB5	DB4	DB3	DB2	DB1	DB0	功能
清屏	0	0	0	0	0	0	0	0	0	1	清除屏幕显示内容
归位	0	0	0	0	0	0	0	0	1	*	将光标及光标所在位的字符回原点
设置输入模式	0	0	0	0	0	0	0	1	I/D	S	设置光标、显示画面移动方向
显示开关控制	0	0	0	0	1	1	1	D	B	C	设置显示、光标、光标闪烁的开关
设置显示模式	0	0	0	0	1	1	1	0	0	0	设置显示为 16×2, 5×7 的点阵, 8 位数据总线
设置数据指针	0	0	80H+ 地址码（第一行：0~27H；第二行：40~67H）								设置数据指针
读忙标志 BF	0	1	BF	AC6	AC5	AC4	AC3	AC2	AC1	AC0	指示液晶屏的工作状态
写数据	1	0	数据								往 DDRAM 中写数据
读数据	1	1	数据								从 DDRAM 中读数据

指令说明：

（1）清屏。

命令	RS	R/W	DB7	DB6	DB5	DB4	DB3	DB2	DB1	DB0
清屏	0	0	0	0	0	0	0	0	0	1

（2）归位。

命令	RS	R/W	DB7	DB6	DB5	DB4	DB3	DB2	DB1	DB0
归位	0	0	0	0	0	0	0	0	1	*

功能描述：清地址计数器 AC=0；将光标及光标所在位的字符返回原点；DDRAM 中的内容不改变。

（3）设置输入模式。

命令	RS	R/W	DB7	DB6	DB5	DB4	DB3	DB2	DB1	DB0
设置输入模式	0	0	0	0	0	0	0	1	I/D	S

功能描述：设置光标、显示画面移动方向。

①I/D：地址指针 AC 变化方向标志。

I/D=1 时，读写一个字符后，地址计数器 AC 自动加 1；

I/D=0 时，读写一个字符后，地址计数器 AC 自动减 1。

② S：显示移位标志。

S=1 时，写入一个字符后全部显示向左（I/D=1）移动或者向右（I/D=0）移动；

S=0 时，写一个字符显示不发生位移。

（4）显示开关控制。

命令	RS	R/W	DB7	DB6	DB5	DB4	DB3	DB2	DB1	DB0
显示开关控制	0	0	0	0	0	0	1	D	C	B

功能描述：设置光标、显示画面移动方向。

① D：显示开 / 关控制标志。D=1，开显示；D=0，关显示。

关显示后，显示数据仍保持在 DDRAM 中，立即开显示可以再现。

② C：光标显示控制标志。C=1，光标显示；C=0，光标不显示。

不显示光标并不影响模块其他显示功能。

③ B：闪烁显示控制标志。B=1，光标闪烁；B=0，光标不闪烁。

（5）设置显示模式。

命令	RS	R/W	DB7	DB6	DB5	DB4	DB3	DB2	DB1	DB0
设置显示模式	0	0	0	0	1	1	1	0	0	0

功能描述：设置模块的显示方式。我们在以后的项目中固定显示模式为 16×2、5×7 的点阵，8 位数据总线。

（6）设置数据指针。

命令	RS	R/W	DB7	DB6	DB5	DB4	DB3	DB2	DB1	DB0
设置显示模式			80H+ 地址码（第一行：0~27H；第二行：40~67H）							

功能描述：设置 DDRAM 地址指针。它将 DDRAM 存储显示字符的字符码的首地址送入地址计数器 AC 中，于是显示字符的字符码就可以写入 DDRAM 中或者从 DDRAM 中读出。

RTC1602 有两行，每行有 40 个地址，我们只取前 16 个就可以了。要想在正确的位置显示字符，必须在地址前加上 80H。例如，我们要在 DDRAM 的 01H 地址处显示字符"A"，那么地址数据为 80H +01H，即 81H。向 81H 中写入数据 0×41H（A 的代码），这样就能在 DDRAM 的 01H 处显示字符"A"。

（7）BF 读忙标志。

命令	RS	R/W	DB7	DB6	DB5	DB4	DB3	DB2	DB1	DB0
读忙标志 BF	0	1	BF	AC6	AC5	AC4	AC3	AC2	AC1	AC0

功能描述：当 RS=0 和 R/W=1 时，在 E 信号高电平的作用下，BF 和 AC6~AC0 被读到数据总线 DB7~DB0 的相应位，通过 BF 的值来判断模块的工作状态。

BF=1，表示模块正在进行内部操作，此时模块不接收任何外部指令和数据，直到 BF=0 为止。

（8）写数据。

命令	RS	R/W	DB7	DB6	DB5	DB4	DB3	DB2	DB1	DB0
设置数据指针	1	1	数据							

功能描述：写数据到 DDRAM 中。

（9）读数据。

命令	RS	R/W	DB7	DB6	DB5	DB4	DB3	DB2	DB1	DB0
设置数据指针	1	0	数据							

功能描述：从 DDRAM 中读取数据。

五、RTC1602 的读写操作

从图 5-3 中可以看出，对 RTC1602 写操作过程为：R/W 端为 0；RS 端根据写指令或写数据，分别设置为 0、1；单片机准备好数据 DB0~DB7 后，在 E 端产生下降沿，RTC1602 锁定数据。

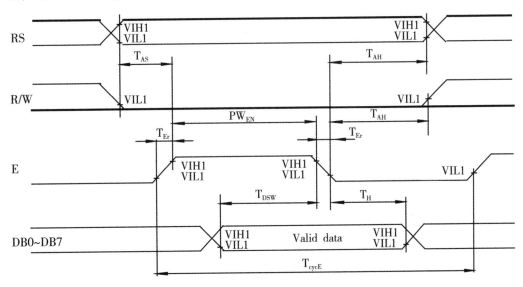

图 5-3 RTC1602 的写操作时序图

从图 5-4 中可以看出，对 RTC1602 读操作过程为：R/W 端为 1；RS 端根据读状态或读数据，分别设置为 0、1；E 端变为 1，RTC1602 输出数据，单片机可读取数据

DB0~DB7；E 端变为 0，此后数据输出无效。

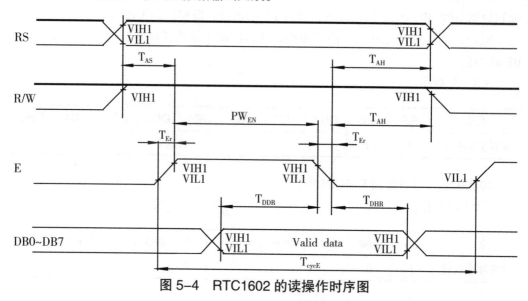

图 5-4　RTC1602 的读操作时序图

◇**任务实施**◇

一、硬件电路搭建

本项目需在 YL-236 型单片机实训平台上选用四个模块：主机模块、电源模块、指令模块和显示模块，搭建 RTC1602 显示系统。

（1）模块选择如表 5-3 所示。

表 5-3　本任务所需模块

编号	模块代码	模块名称	模块接口
1	MCU01	主机模块	+5 V、GND、P0、P1.0~P1.2、P2
2	MCU02	电源模块	+5V、GND
3	MCU04	显示模块	+5 V、GND、数码管 CS1、CS2、WR、D0~D7

（2）工具和器材如表 5-4 所示。

表 5-4　本任务所需工具和器材

编号	名称	型号及规格	数量	备注
1	数字万用表	MY-60	1 台	专配
2	斜口钳		1 把	
3	电子连接线	50 cm	20 根	红色、黑色线各 3 根；其他颜色线 14 根

续表

编号	名称	型号及规格	数量	备注
4	排线	30 cm	1 根	
4	塑料绑线		若干	

（3）电路搭建。

结合 YL-236 型单片机实训平台主机模块和显示模块，按照图 5-5 所示电路接线。

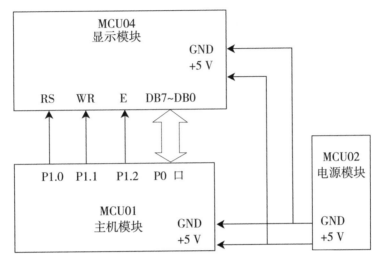

图 5-5　硬件接线图

二、程序代码的编写、编译

（1）启动 Keil C51 编程软件，新建工程、文件并均以"1602"为名保存在文件夹中。

（2）在 1602.c 文件的文本编辑器窗口中输入程序代码。

（3）编译源程序，排除程序输入错误，生成 1602.hex 文件。

参考程序：

```
#include<reg52.h>
#include<intrins.h>
#define uint unsigned int          // 无符号整型定义
#define uchar unsigned char        // 无符号字符型定义
#define out0 P0                    // 定义 out0 为 P0 口
sbit RS_1602=P1^0;                 // RTC1602 数据（1）
                                   // 指令（0）选择端
sbit WR_1602=P1^1;                 // RTC1602 读（1）
                                   // 写（0）信号选择端
sbit E_1602=P1^2;                  // TRC1602 使能端
```

```
void delayms（uint x）                    // 毫秒级延时函数
{
    uchar i;
    while（x—）
    for（i=0；i<123；i++）；
}
void delayus（uchar x）                   // 微秒级延时函数
{
    while（—x）；
}
void busy（）                             // 读忙信号
{
    uchar mang;                          // 忙变量
    E_1602=0;                            // 使能端无效
    RS_1602=0;                           // 指令
    WR_1602=1;                           // 读操作
    do
    {
            out0=0xff;                   // 读 P0 前，先写入 8 个 1
            E_1602=1;                    // 使能端有效
            _nop_（）;                    // 等待一段时间让信号稳定后
                                         再读
            mang=out0;                   // 把 P0 的数据给忙变量
            E_1602=0;                    // 使能端无效
    }while（mang&0x80）;                  // 若不忙则退出循环
}
void writeData（uchar x）                // 写数据
{
    busy（）;                            // 读忙
    out0=x;                              // 将 x 写入 P0 口
    _nop_（）;
    RS_1602=1;                           // 数据
    WR_1602=0;                           // 写
    E_1602=1;                            // 使能端有效
    _nop_（）;
    E_1602=0;                            // 使能端无效
    WR_1602=1;
```

```
}
void writeOrder（uchar x）              // 写指令
{
    busy（）;
    out0=x;
    _nop_（）;
    RS_1602=0;                         // 指令
    WR_1602=0;                         // 写操作
    E_1602=1;                          // 使能端有效
    _nop_（）;
    E_1602=0;                          // 使能端无效
    WR_1602=1;
}
void init1602（）                       // 初始化 1602
{
    writeOrder（0x38）;                 // 8 位数据宽度，两行字符
                                       显示模式，5x7 点阵
    delayms（5）;                       // 延时 5ms
    writeOrder（0x38）;
    delayms（5）;
    writeOrder（0x38）;
    writeOrder（0x08）;                 // 关显示，不显示光标，光
                                       标步闪烁
    writeOrder（0x01）;                 // 清屏
    writeOrder（0x06）;                 // 完成一个字符码传送后，
                                       光标右移
    writeOrder（0x0c）;                 // 开显示不显示光标
}
void writeByte（uchar x, y, dod）      // 写一个字节
{
    x&=0x01;                           // x==0；第 0 行显示；
                                       x==1；第 1 行显示
    y&=0x0f;                           // 将显示范围定再 0~15
    if（x==1）                          // 如果再第一行显示
    y|=0x40;                           // 第一行的 Y 的起始地址为
                                       0x40
    y|=0x80;                           // 说明是对 DDRAM 操作
```

```
        writeOrder（y）;                      // 将 Y 地址写入 1602 中
        writeData（dod）;                     // 将要显示的数据写入 1602 中
}
void writeString（uchar x，y，uchar code *p）// 写一个字符串
{
        uchar i=0;
        x&=0x01;
        y&=0x0f;
        if（x==1）
        y|=0x40;
        y|=0x80;
        writeOrder（y）;
        while（p[i]>0）                        // 判断指针所指向的字符串
                                              是否以显示完
        writeData（p[i++]）;                   // 显示一个字符，并让指针
                                              指向下一个字符
}
void main（）                                 // 主函数
{
        init1602（）;                          // 初始化 1602
        writeString（0，4，"Welcome！"）;      // 在第 0 行第 4 位显示字符
                                              串 "Welcome！"
        writeByte（1，0，'2'）;                // 在第一行第 0 位显示字
                                              符 '2'
        writeByte（1，1，'0'））;              // 在第一行第一位显示字
                                              符 '0'
        writeByte（1，2，'2'）;
        writeByte（1，3，'0'）;
        writeByte（1，4，'-'）;
        writeByte（1，5，'0'）;
        writeByte（1，6，'5'）;
        writeByte（1，7，'-'）;
        writeByte（1，8，'0'）;
        writeByte（1，9，'1'）;
        while（1）;                            // 死循环
}
```

三、系统调试

系统调试的步骤如下：

（1）使用程序下载专配 USB 线将计算机的 USB 接口与单片机主机模块程序下载接口连接起来。

（2）打开电源总开关，启动程序下载软件，下载可执行文件至单片机中。

（3）按下任意独立按键，并观察数码管显示情况，若实现任务要求，则系统调试完成；否则，需要进行故障排除。

◇任务评价◇

一、工艺性评分标准

工艺性评分标准如表 5-5 所示。

表 5-5　工艺性评分标准

评分项目	分值	评分标准	自我评分	组长评分
模块导线连接工艺（20分）	3	模块选择多于或少于任务要求的，每项扣 1 分，扣完为止		
	3	模块布置不合理，每个模块扣 1 分，扣完为止		
	3	电源线和数据线未进行颜色区分，导线选择不合理，每处扣 1 分，扣完为止		
	5	导线走线不合理，每处扣 1 分，扣完为止		
	3	导线整理不美观，扣除 1~3 分		
	3	导线连接不牢固，同一接线端子上连接多于 2 根导线的，每处扣 1 分，扣完为止		
小计（此项满分 20 分，最低 0 分）				

二、功能评分标准

功能评分标准如表 5-6 所示。

表 5-6　功能评分标准

项目	评分项目	分值		评分标准	自我评分	组长评分
提交	电路搭建	20	10			
	程序下载		10			
基本任务	1602 第一行显示正确	60	30			
	1602 第二行显示正确		30			

任务 2   TG12864 液晶模块的使用

◇任务要求◇

学习 TG12864 液晶模块的显示原理和使用方法。在 TG12864 液晶显示屏的居中位置，分两行显示"欢迎使用"及当天的日期和时间。

显示效果如下：

> 欢迎使用
> 2020 年 5 月 7 日

◇任务准备◇

一、TG12864 液晶模块简介

TG12864 是一种图形点阵液晶显示器，它主要由行驱动器 / 列驱动器及 128×64 全点阵液晶显示器组成。TG12864 可显示图形，也可显示 8x4 个（16x16 点阵）汉字。

MCU04 显示模块中的 TG12864 模块外观结构如图 5-6 所示。

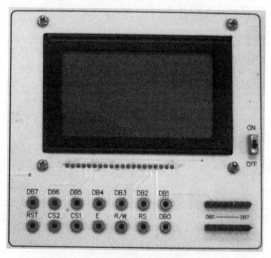

图 5-6   TG12864 液晶模块

二、TG12864 主要硬件构成

由图 5-7 可知，TG12864 由 S6B0108 、 6B0107、128×64 点液晶显示板及背光构成。S6B0108 是 TG12864 的控制驱动器，S6B0107 是 TG12864 的行、列驱动控制器。控制好 S6B0108 及 S6B0107 就能使 TG12864 进行显示。

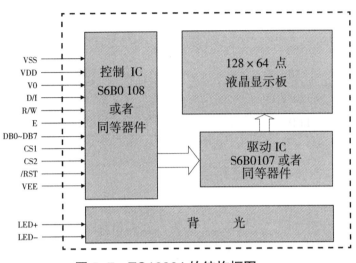

图 5-7　TG12864 的结构框图

TG12864 液晶显示模块的接口定义如表 5-7 所示。

表 5-7　TG12864 模块的接口定义

管脚号	管脚名称	电平	管脚功能描述
1	V_{SS}	0V	电源地
2	V_{DD}	+5 V	模块电源正极
3	V0	—	液晶显示对比度调节
4	D/L	H/L	寄存器与显示内存操作选择
5	R/W	H/L	CPU 读写控制信号
6	E	H/L	读写使能信号
7	DB0	H/L	数据线
8	DB1	H/L	数据线
9	DB2	H/L	数据线
10	DB3	H/L	数据线
11	DB4	H/L	数据线
12	DB5	H/L	数据线

续表

管脚号	管脚名称	电平	管脚功能描述
13	DB6	H/L	数据线
14	DB7	H/L	数据线
15	CS1	H/L	左半屏片选信号，高电平有效
16	CS2	H/L	右半屏片选信号，高电平有效
17	/RST	H/L	复位信号，低电平有效
18	VEE	—	由模块内部提供液晶驱动电压
19	LED+	+5 V	LED 背光源正极输入
20	LED–	0 V	LED 背光源负极输入

三、TG12864 的控制寄存器

1. 指令寄存器（IR）

IR 用来寄存指令码，与数据寄存器寄存数据相对应。当 RS=1 时，在 E 信号的下降沿的作用下，将指令码写入 IR 中。

2. 数据寄存器（DR）

DR 是用来寄存数据的，与指令寄存器寄存指令相对应。当 RS=0 时，在 E 信号下降沿的作用下，图形显示数据写入 DR，或在 E 信号高电平的作用下，由 DR 读到 DB7~DB0 数据总线上。DR 和 DDRAM 之间的数据传输是模块内部自动执行的。

3. 忙标志（BF）

BF 标志提供内部工作情况。BF=1 表示模块在进行内部操作，此时模块不接受外部指令和数据。BF=0 表示模块为准备状态，随时可接受外部指令和数据。利用读取状态指令，可以将 BF 读到 DB7，从而检验模块的工作状态。

4. 显示控制触发器（DFF）

此触发器用于模块屏幕显示开和关的控制。DFF=1 为开显示，DDRAM 的内容就会显示在屏幕上；DFF=0 为关显示。

5. XY 地址计数器

XY 地址计数器是一个 9 位计数器。高 3 位是 X 地址计数器，低 6 位为 Y 地址计数器。XY 地址计数器实际上是作为 DDRAM 的地址指针，X 地址计数器是 DDRAM 的页指针，Y 地址计数器是 DDRAM 的列指针。X 地址计数器是没有计数功能的，只能用指令设置。Y 地址计数器具有循环计数的功能，各显示数据写入后，Y 地址自动加 1，Y 地址指针从 0 到 63。

6. 显示数据 RAM（DDRAM）

DDRAM 是储存图形显示数据的，数据为 1 表示显示选择，数据为 0 表示显示非选择。DDRAM 与地址和显示位置的关系见表 5-8。

表 5-8 DDRAM 与地址和显示位置关系

	CS1=1					CS2=1					行号
Y=	0	1	⋯	62	63	0	1	⋯	62	63	
	DB0↓DB7	DB0↓DB7	DB0↓DB7	DB0↓DB7	DB0↓DB7	DB0↓DB7	DB0↓DB7	DB0↓DB7	DB0↓DB7	DB0↓DB7	0↓7
X=0↓X=7	DB0↓DB7	DB0↓DB7	DB0↓DB7	DB0↓DB7	DB0↓DB7	DB0↓DB7	DB0↓DB7	DB0↓DB7	DB0↓DB7	DB0↓DB7	8↓55
	DB0↓DB7	DB0↓DB7	DB0↓DB7	DB0↓DB7	DB0↓DB7	DB0↓DB7	DB0↓DB7	DB0↓DB7	DB0↓DB7	DB0↓DB7	56↓63

7. Z 地址计数器

Z 地址计数器是一个 6 位计数器，此计数器有循环计数的功能，用于显示行扫描同步。当一行扫描完成，此地址计数器自动加 1，指向下一行扫描数据，RST 复位后，Z 地址计数器为 0。

Z 地址计数器用指令"设置显示开始线"预置。因此，显示屏幕的起始行就由此指令控制，即 DDRAM 的数据从哪一行开始显示在屏幕的第一行。TG12864 模块的 DDRAM 共 64 行，屏幕可以循环滚动显示 64 行。

四、TG12864 的指令系统

单片机是通过控制 IC S6B0108 来控制 TG12864 进行显示的。控制指令有 7 种，各种指令的格式及功能说明如表 5-9 所示。

表 5-9 TG12864 的控制指令表

命令	RS	R/W	DB7	DB6	DB5	DB4	DB3	DB2	DB1	DB0	功能
开关显示	0	0	0	0	1	1	1	1	1	0/1	控制显示开或关，内部状态及显示静态数据无。0：关；1：开
设置 Y 地址	0	0	0	1	Y 地址（0~63）						在 Y 地址计数器中设置 Y 值
设置 X 地址	0	0	1	0	1	1	1	页（0~7）			在 X 寄存器中设置 X 的值
显示开始线（Z 地址）	0	0	1	1	显示开始线（0~63）						在显示屏最上层显示数据静态寄存器中的图形

续表

命令	RS	R/W	DB7	DB6	DB5	DB4	DB3	DB2	DB1	DB0	功能
读取状态	0	1	忙	0	开/关	复位	0	0	0	0	读取状态：忙 0：准备 1：在运行中 开/关 0：显示开 1：显示关 复位 0：正常 1：复位
写入显示数据	1	0	写数据								从数据到显示数据静态寄存器，在写指令后，Y 地址自动加 1
读取显示数据	1	1	读数据								在显示数据静态寄存器中读取数据到数据总线

指令数据说明：

（1）开/关显示。

命令	RS	R/W	DB7	DB6	DB5	DB4	DB3	DB2	DB1	DB0
开关显示	0	0	0	0	1	1	1	1	1	1/0

功能描述：控制 TG12864 液晶屏显示的开/关。DB0=0，关显示；DB0=1，开显示。

（2）设置列（Y）地址。

命令	RS	R/W	DB7	DB6	DB5	DB4	DB3	DB2	DB1	DB0
设置 Y 地址	0	0	0	1	Y 地址（0~63）					

功能描述：从设置的那一列（0~63）开始显示。

（4）设置页（X）地址

命令	RS	R/W	DB7	DB6	DB5	DB4	DB3	DB2	DB1	DB0
显示开始线	0	0	1	1	显示开始线（0~63）					

功能描述：从设置的那一行（0~63）开始显示。显示起始线由 Z 地址计数器控制。本条命令就是将 DB5~DB0 这 6 位地址数据送入到 Z 地址计数器中，起始行可以是 0~63 中的任意一行。

（5）读取状态。

命令	RS	R/W	DB7	DB6	DB5	DB4	DB3	DB2	DB1	DB0
读取状态	0	1	BF	0	开/关	复位	0	0	0	0

功能描述：读取模块工作状态。当 RS=0、R/W=1 时，在 E=1 的作用下，
状态分别输出到数据总线（DB7~DB0）的相应位。

BF 在前面已经介绍过（见忙标志：BF）。

开/关：表示 DFF 触发器的状态（显示控制触发器 DFF）。

复位：为 1 表示模块内部正在进行初始化，此时模块不接受任何指令和数据。

（6）写入显示数据。

命令	RS	R/W	DB7	DB6	DB5	DB4	DB3	DB2	DB1	DB0
写入显示数据	1	0	写数据							

功能描述：将显示数据（DB7~DB0）写入相应的 DDRAM 单元，Y 地址指针自动
加 1。在执行此条命令前，要先设置 X 地址和 Y 地址。

（7）读取显示数据。

命令	RS	R/W	DB7	DB6	DB5	DB4	DB3	DB2	DB1	DB0
读取显示数据	1	1	读数据							

功能描述：将 DDRAM 中的内容（DB7~DB0）读到数据总线 DB7~DB0，Y 地址指
针自动加 1。在执行此条命令前，要先设置 X8 地址和 Y 地址。

五、TG12864 的显示原理

根据表 5-8，向显示数据 RAM 某单元写入一个字节数据，将在显示屏对应位置显
示纵向 8 个像素点的图像。

由于 TG12864 本身不带字库，必须使用取模软件获取要显示的汉字、英文字符、
数字的编码数据（字模），并将这些编码数据存放在单片机的程序存储器中，程序将
这些数据写入 TG12864 的显示数据 RAM 中进行显示。

使用字模提取软件 V2.2 时，在"文字输入区"输入某种字体的汉字、英文字符、
数字后（图 5-8）；在"参数设置/其他选项"中，选中"纵向取模""字节倒序"
（图 5-9）；确定后，在"取模方式"中选择"C51 格式"，软件将自动生成字模数
据，如图 5-10 所示，将该字模数据复制、粘贴到程序中即可。

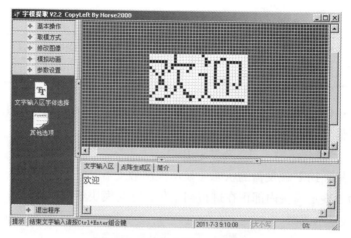

图 5-8　输入要显示的字符

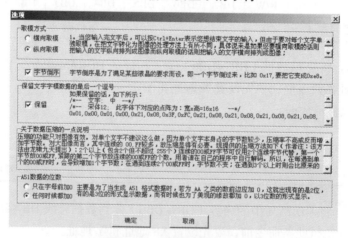

图 5-9　选择取模方式

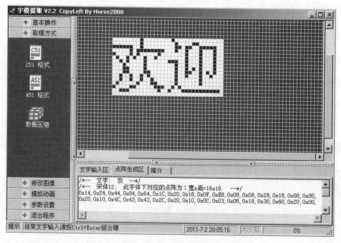

图 5-10　自动生成字模数据

◇**任务实施**◇

一、硬件电路搭建

本项目需在 YL-236 型单片机实训平台上选用四个模块：主机模块、电源模块和显示模块，搭建 TG12864 显示系统。

1. 本任务模块选择如表 5-10 所示。

表 5-10　本任务所需模块

编号	模块代码	模块名称	模块接口
1	MCU01	主机模块	+5 V、GND、P0、P1.0~P1.5
2	MCU02	电源模块	+5 V、GND
3	MCU04	显示模块	+5 V、GND、TG12864 模块 RST、CS1、CS2、E、R/W、RS、DB0~DB7

2. 工具和器材选择如表 5-11 所示。

表 5-11　本任务所需工具和器材

编号	名称	型号及规格	数量	备注
1	数字万用表	MY-60	1 台	专配
2	斜口钳		1 把	
3	电子连接线	50 cm	20 根	红色、黑色线各 3 根，其他颜色线 14 根
4	排线	30 cm	1 根	
4	塑料绑线		若干	

3. 电路搭建

结合 YL-236 型单片机实训平台主机模块和显示模块，按照图 5-11 所示直接电路。

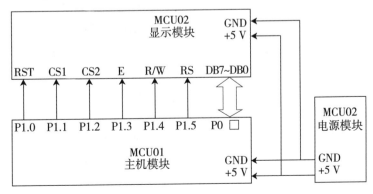

图 5-11　硬件接线图

4. 程序流程图如图 5-12 所示。

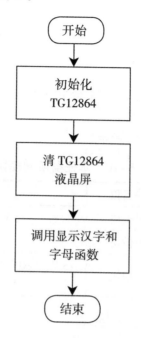

图 5-12　程序流程图

二、程序代码的编写、编译

（1）启动 Keil C51 编程软件，新建工程、文件并均以"12864"为名保存在文件夹中。

（2）在 12864.c 文件的文本编辑器窗口中输入程序代码。

（3）编译源程序，排除程序输入错误，生成 12864.hex 文件。

参考程序：

```
#include<reg52.h>                        // 包含 89×52 头文件
#include<intrins.h>                      // 包含 intrins 头文件
#include<zimo.h>                         // 具体字模由取模软件获得
#define uint unsigned int                // 无符号整型定义
#define uchar unsigned char              // 无符号字符型定义
#define out0 P0                          // 定义 out0 为 P0 口
sbit LCD_RST=P1^0;                       // TG12864 复位端
sbit LCD_CS2=P1^1;                       // TG12864 右半屏片选
sbit LCD_CS1=P1^2;                       // TG12864 左半屏片选
sbit LCD_E=P1^3;                         // TG12864 使能端
sbit LCD_WR=P1^4;                        // TG12864 读（1）/写（0）
                                            信号选择端
```

```
sbit LCD_RS=P1^5;                    // TG12864 数据（1）/ 指令（0）
                                        选择端

void delayms（uint x）               // 毫秒级延时函数
{
    uchar i;
    while（x—）
    for（i=0；i<123；i++）；
}

void busy（）                         // 读忙信号
{
    uchar mang;                       // 忙变量
    LCD_E=0;                          // 使能端无效
    LCD_RS=0;                         // 指令
    LCD_WR=1;                         // 读
    do
    {
        out0=0xff;
        LCD_E=1;                      // 使能端有效
        _nop_（）;                    // 等待一段时间让信号稳定后再
                                         读

        mang=out0;
        LCD_E=0;                      // 使能端无效
    }while（mang&0x90）;              // 若不忙则退出循环
}

void writeData（uchar x）            // 写数据
{
    busy（）;                         // 读忙
    out0=x;                          // 将 X 写入 TG12864 中
    _nop_（）;
    LCD_RS=1;                         // 数据
    LCD_WR=0;                         // 写

    LCD_E=1;                          // 使能端有效
    _nop_（）;
```

```
        LCD_E=0;                        // 使能端无效
        LCD_WR=1;
    }


    void writeOrder (uchar x)           // 写指令
    {
        busy ( ) ;
        out0=x;
        _nop_ ( ) ;
        LCD_RS=0;                       // 指令
        LCD_WR=0;                       // 写

        LCD_E=1;                        // 使能端有效
        _nop_ ( ) ;
        LCD_E=0;                        // 使能端无效
        LCD_WR=1;
    }


    void lcd_x (uchar x)                // 定位 X 坐标
    {
        writeOrder (0xb8|x);            // 设置页地址
    }


    void lcd_y (uchar y)                // 定位 Y 坐标
    {
        writeOrder (0x40|y);            // 设置 Y 地址
    }


    void lcd_xy (uchar x, y)            // 定位
    {
        if (y<64)                       // 若列小于 64 在左半屏显示
        {
            LCD_CS1=1;                  // 左半屏片选有效
            LCD_CS2=0;                  // 右半屏片选无效
            lcd_y (y) ;                 // 写入 Y 地址
        }
        else                            // 若列大于 64 在右半屏显示
```

```
        {
                LCD_CS1=0;                    // 左半屏片选无效
                LCD_CS2=1;                    // 右半屏片选有效
                lcd_y（y-64）;                // 写入 y 地址
        }
        lcd_x（x）;                           // 写入 x 地址
}

void clrscr（）                               // 清屏函数
{
    uchar i，j;
    LCD_CS1=LCD_CS2=1;                        // 片选有效
    for（i=0；i<8；i++）                       // 写 8 页
    {
            lcd_y（0）;                        // 从第 0 列开始
            lcd_×（i）;                        // 从 i 页开始
            for（j=0；j<128；j++）              // 写 128 列
            {
                    writeData（0x00）;         // 输出数据 0x00
            }
    }
    LCD_CS1=LCD_CS2=0;                        // 片选无效
}

void initTG12864（）                          // 初始化 TG 12864
{
    LCD_RST=0;                                // TG 12864 复位
    delayms（15）;
    LCD_RST=1;

    LCD_CS1=LCD_CS2=1;
    writeOrder（0x3e）;                        // 关显示
    writeOrder（0xb8）;                        // 页地址出初始化从 0 页开始
    writeOrder（0x40）;                        // 列地址出初始化从列开始
    writeOrder（0xc0）;                        // 显示开始线从第一行开始
    writeOrder（0x3f）;                        // 开显示
    LCD_CS1=LCD_CS2=0;
```

```
}

void writeHan（uchar x，y，z，uchar code *p）
                                        // 写一个汉字 16x16
{
    uint t=0;
    uchar i，j;
    for（i=x；i<x+2；i++）            // 显示一个汉字占两页
    {
            for（j=y；j<y+16；j++）    // 显示一个汉字占 16 列
            {
                    lcd_xy（i，j）;      // 定位坐标位 I 页 J 列
                    if（z==0）           // 反白标志位 =0（正常显示）=1
                                        // （反白显示）
                    writeData（p[t++]）;  // 输出正常字模数据
                    else
                    writeData（~p[t++]）; // 输出反白字模数据
            }
    }
    LCD_CS1=LCD_CS2=0;
}

void writeAscii（uchar x，y，z，uchar code *p）
                                        // 写一个字符 8*16
{
    uint t=0;
    uchar i，j;
    for（i=x；i<x+2；i++）
    {
            for（j=y；j<y+8；j++）        // 显示一个字符占 8 列
            {
                    lcd_xy（i，j）;
                    if（z==0）
                    writeData（p[t++]）;
                    else
                    writeData（~p[t++]）;
            }
```

```
    }
    LCD_CS1=LCD_CS2=0;
}

void main（）                            // 主函数
{
    initTG12864（）;                      // 初始化 TG 12864
    clrscr（）;                           // 清屏
    writeHan（2, 32, 0, hanzi_ZM[0]）;    // 欢迎使用
    writeHan（2, 48, 0, hanzi_ZM[1]）;
    writeHan（2, 64, 0, hanzi_ZM[2]）;
    writeHan（2, 80, 0, hanzi_ZM[3]）;

    writeAscii（4, 8, 0, shuzi_ZM[2]）;   // 2020 年
    writeAscii（4, 16, 0, shuzi_ZM[0]）;
    writeAscii（4, 24, 0, shuzi_ZM[2]）;
    writeAscii（4, 32, 0, shuzi_ZM[0]）;
    writeHan（4, 40, 0, hanzi_ZM[4]）;

    writeAscii（4, 56, 0, shuzi_ZM[0]）;  // 05 月
    writeAscii（4, 64, 0, shuzi_ZM[5]）;
    writeHan（4, 72, 0, hanzi_ZM[5]）;

    writeAscii（4, 88, 0, shuzi_ZM[0]）;  // 07 日
    writeAscii（4, 96, 0, shuzi_ZM[7]）;
    writeHan（4, 104, 0, hanzi_ZM[6]）;

    while（1）;
}
```

附：zimo.h 头文件内容

```
unsigned char code hanzi_ZM[][32]={
/*— 0 文字：欢 —*/
/*— 宋体 12；此字体下对应的点阵为：宽 x 高 =16x16 —*/
0x14, 0x24, 0x44, 0x84, 0x64, 0x1C, 0x20, 0x18, 0x0F, 0xE8, 0x08, 0x08,
0x28, 0x18, 0x08, 0x00,
```

0x20，0x10，0x4C，0x43，0x43，0x2C，0x20，0x10，0x0C，0x03，0x06，0x18，0x30，0x60，0x20，0x00，

/*— 1 文字：迎 —*/
/*— 宋体 12；此字体下对应的点阵为：宽 x 高 =16x16 —*/
0x40，0x41，0xCE，0x04，0x00，0xFC，0x04，0x02，0x02，0xFC，0x04，0x04，0x04，0xFC，0x00，0x00，

0x40，0x20，0x1F，0x20，0x40，0x47，0x42，0x41，0x40，0x5F，0x40，0x42，0x44，0x43，0x40，0x00，
/*— 2 文字：使 —*/
/*— 宋体 12；此字体下对应的点阵为：宽 x 高 =16x16 —*/
0x40，0x20，0xF0，0x1C，0x07，0xF2，0x94，0x94，0x94，0xFF，0x94，0x94，0x94，0xF4，0x04，0x00，

0x00，0x00，0x7F，0x00，0x40，0x41，0x22，0x14，0x0C，0x13，0x10，0x30，0x20，0x61，0x20，0x00，

/*— 3 文字：用 —*/
/*— 宋体 12；此字体下对应的点阵为：宽 x 高 =16x16 —*/
0x00，0x00，0x00，0xFE，0x22，0x22，0x22，0x22，0xFE，0x22，0x22，0x22，0x22，0xFE，0x00，0x00，

0x80，0x40，0x30，0x0F，0x02，0x02，0x02，0x02，0xFF，0x02，0x02，0x42，0x82，0x7F，0x00，0x00，

/*— 4 文字：年 —*/
/*— 宋体 12；此字体下对应的点阵为：宽 x 高 =16x16 —*/
0x40，0x20，0x10，0x0C，0xE3，0x22，0x22，0x22，0xFE，0x22，0x22，0x22，0x22，0x02，0x00，0x00，

0x04，0x04，0x04，0x04，0x07，0x04，0x04，0x04，0xFF，0x04，0x04，0x04，0x04，0x04，0x04，0x00，

/*— 5 文字：月 —*/
/*— 宋体 12；此字体下对应的点阵为：宽 x 高 =16x16 —*/
0x00，0x00，0x00，0x00，0x00，0xFF，0x11，0x11，0x11，0x11，0x11，0xFF，0x00，0x00，0x00，0x00，

0x00，0x40，0x20，0x10，0x0C，0x03，0x01，0x01，0x01，0x21，0x41，0x3F，0x00，0x00，0x00，0x00，
/*— 6 文字：日 —*/

/*— 宋体 12；此字体下对应的点阵为：宽 x 高 =16x16 —*/

0x00，0x00，0x00，0xFE，0x42，0x42，0x42，0x42，0x42，0x42，0x42，0xFE，
0x00，0x00，0x00，0x00，

0x00，0x00，0x00，0x3F，0x10，0x10，0x10，0x10，0x10，0x10，0x10，0x3F，
0x00，0x00，0x00，0x00，

};

unsigned char code shuzi_ZM[][16]={
/*— 文字：0 —*/
/*— 宋体 12；此字体下对应的点阵为：宽 x 高 =8x16 —*/

0x00，0xE0，0x10，0x08，0x08，0x10，0xE0，0x00，0x00，0x0F，0x10，0x20，
0x20，0x10，0x0F，0x00，

/*— 文字：1 —*/
/*— 宋体 12；此字体下对应的点阵为：宽 x 高 =8x16 —*/

0x00，0x10，0x10，0xF8，0x00，0x00，0x00，0x00，0x00，0x20，0x20，0x3F，
0x20，0x20，0x00，0x00，

/*— 文字：2 —*/
/*— 宋体 12；此字体下对应的点阵为：宽 x 高 =8x16 —*/

0x00，0x70，0x08，0x08，0x08，0x88，0x70，0x00，0x00，0x30，0x28，0x24，
0x22，0x21，0x30，0x00，

/*— 文字：3 —*/
/*— 宋体 12；此字体下对应的点阵为：宽 x 高 =8x16 —*/

0x00，0x30，0x08，0x88，0x88，0x48，0x30，0x00，0x00，0x18，0x20，0x20，
0x20，0x11，0x0E，0x00，

/*— 文字：4 —*/
/*— 宋体 12；此字体下对应的点阵为：宽 x 高 =8x16 —*/

0x00，0x00，0xC0，0x20，0x10，0xF8，0x00，0x00，0x00，0x07，0x04，0x24，
0x24，0x3F，0x24，0x00，

/*— 文字：5 —*/
/*— 宋体 12；此字体下对应的点阵为：宽 x 高 =8x16 —*/

0x00，0xF8，0x08，0x88，0x88，0x08，0x08，0x00，0x00，0x19，0x21，0x20，
0x20，0x11，0x0E，0x00，

/*—— 文字：6 ——*/

/*—— 宋体 12；此字体下对应的点阵为：宽 x 高 =8x16 ——*/

0x00，0xE0，0x10，0x88，0x88，0x18，0x00，0x00，0x00，0x0F，0x11，0x20，0x20，0x11，0x0E，0x00，

/*—— 文字：7 ——*/

/*—— 宋体 12；此字体下对应的点阵为：宽 x 高 =8x16 ——*/

0x00，0x38，0x08，0x08，0xC8，0x38，0x08，0x00，0x00，0x00，0x00，0x3F，0x00，0x00，0x00，0x00，

/*—— 文字：8 ——*/

/*—— 宋体 12；此字体下对应的点阵为：宽 x 高 =8x16 ——*/

0x00，0x70，0x88，0x08，0x08，0x88，0x70，0x00，0x00，0x1C，0x22，0x21，0x21，0x22，0x1C，0x00，

/*—— 文字：9 ——*/

/*—— 宋体 12；此字体下对应的点阵为：宽 x 高 =8x16 ——*/

0x00，0xE0，0x10，0x08，0x08，0x10，0xE0，0x00，0x00，0x00，0x31，0x22，0x22，0x11，0x0F，0x00，

};

三、系统调试

系统调试的步骤如下：

（1）使用程序下载专配 USB 线将计算机的 USB 接口与单片机主机模块程序下载接口连接起来。

（2）打开电源总开关，启动程序下载软件，下载可执行文件至单片机中。

（3）观察 TG 12864 液晶屏显示效果，若实现任务要求，则系统调试完成；否则，需要进行故障排除。

◇任务评价◇

一、工艺性评分标准

工艺性评分标准如表 5-12 所示。

表 5-12　工艺性评分标准

评分项目	分值	评分标准	自我评分	组长评分
模块导线连接工艺（20分）	3	模块选择多于或少于任务要求的，每项扣1分，扣完为止		
	3	模块布置不合理，每个模块扣1分，扣完为止		
	3	电源线和数据线未进行颜色区分，导线选择不合理，每处扣1分，扣完为止		
	5	导线走线不合理，每处扣1分，扣完为止		
	3	导线整理不美观，扣除1~3分		
	3	导线连接不牢固，同一接线端子上连接多于2根导线的，每处扣1分，扣完为止		

小计（此项满分20分，最低0分）

二、功能评分标准

功能评分标准如表 5-13 所示。

表 5-13　功能评分标准

项目	评分项目	分值		评分标准	自我评分	组长评分
提交	电路搭建	20	10			
	程序下载		10			
基本任务	TG 12864 第一行显示正确	60	30			
	TG 12864 第二行显示正确		30			

任务 3　基于 TG12864 液晶模块的简易电子时钟

◇任务要求◇

利用单片机的定时器中断，实现电子钟的准确计时，在 TG12864 液晶显示屏的居中位置，分两行显示当天的日期和时间，显示效果如下：

```
2020 年 5 月 20 日
   15：36：00
```

◇任务准备◇

一、AT89S52 单片机中断系统

1. 中断的概念

所谓中断就是当 CPU 正在处理某项事务时，如果外界或者内部发生了紧急事件，要求 CPU 暂停正在处理工作而去处理这件紧急事件，待处理完后，再回到原来中断的地方，继续执行原来被中断的程序，这个过程称作中断。

2. 中断的优点

（1）分时操作。CPU 与低速的外部设备交换信息时，可以分时命令多个外设同时工作，外设工作的同时，CPU 可以执行主程序，当外设完成工作时向 CPU 申请中断，CPU 才转去执行中断服务程序，这样大大提高了 CPU 工作效率。

（2）实时处理。可以通过中断响应实时处理环境变化。

（3）故障处理。CPU 可以通过中断自行处理运行过程中无法预料的故障问题。

3. 中断源

引起并发出中断请求的源头（如某设备或事件）称为中断源。

51 系列单片机有 6 个中断源：两个外部中断（INT0、INT1）、三个定时器 / 计数器中断（T0、T1、T2）和一个串行口中断。

中断源的判别方式有两种：

（1）查询中断：通过软件逐个查询各中断源的中断请求标志。

（2）向量中断：中断请求通过优先级排队电路，一旦响应转向对应的向量地址

执行。

4. 中断优先级

中断优先级越高，则响应优先权就越高。当 CPU 正在执行中断服务程序时，又有中断优先级更高的中断申请产生，这时 CPU 就会暂停当前的中断服务转而处理高级中断申请，待高级中断处理程序完毕，再返回原中断程序断点处继续执行，这一过程称为中断嵌套。

5. 中断源、入口地址及 C 语言程序

中断源、入口地址及 C 语言程序格式表见表 5-14。

表 5-14 中断源、入口地址及 C 语言程序格式表

序号	中断源	中断向量	中断服务程序格式
1	外部中断 0（INT0）	0003H	interrupt 0
2	定时器 / 计数器 T0 中断	000BH	interrupt 1
3	外部中断 1（INT1）	0013H	interrupt 2
4	定时器 / 计数器 T1 中断	001BH	interrupt 3
5	串行口中断	0023H	interrupt 4
6	定时器 / 计数器 T2 中断	002BH	interrupt 5

6. C 语言中断服务函数格式说明

为了便于用 C 语言编写单片机中断服务程序，Keil C51 编译器也支持 51 单片机的中断服务程序，而且用 C 语言编写中断服务程序比汇编语言方便得多。C 语言写中断服务函数的格式如下：

函数类型 函数名（形式参数列表）interrupt n [using m]

其中，interrupt 后面的 n 是中断编号，取值为 0~5；using 后面的 m 表示使用的工作寄存器组号，取值为 0~3，若不声明 using 项，默认用第 0 组工作寄存器。

例如，定时器 T0 的中断服务函数：

void time_0（void）interrupt 1 using 0

二、AT89S52 单片机定时器 / 计数器

AT89S52 单片机有三个 16 位内部定时器 / 计数器（T0、T1、T2），这里主要介绍 T0、T1，它们分别由两个 8 位计数器组成。

T0 由 TH0（高 8 位）、TL0（低 8 位）构成；T1 由 TH1（高 8 位）、TL1（低 8 位）构成。

如果是计数内部晶振驱动时钟，则它是定时器；如果是计数单片机输入引脚的脉冲信号，则它是计数器。

1. 模式介绍

（1）定时器模式：设置为定时器模式时，加1计数器是对内部机器周期计数（1个机器周期等于12个振荡周期，即计数频率为晶振频率的1/12）。计数值 N 乘以机器周期 T_{cy} 就是定时时间 t。当晶振为 12 MHz 时，计数频率为 1 MHz，每 1 μs 计数值加 1。

（2）计数器模式：设置为计数器模式时，外部事件计数脉冲由 T0（P3.4）或 T1（P3.5）引脚输入到计数器。当 T0 或 T1 引脚上负跳变时计数器加1。识别引脚上的负跳变需要 2 个机器周期，即 24 个振荡周期。所以 T0 或 T1 引脚输入的可计数外部脉冲的最高频率为 f_{osc} /24。当晶振为 12 MHz 时，最高计数频率为 500 KHz，高于此频率将计数出错。

2. 定时器 / 计数器的相关寄存器

（1）定时器 / 计数器的方式寄存器（TMOD）。

① GATE：门控位，用来确定对应的外部中断请求引脚是否参与 T0 或 T1 的操作控制。当 GATE=0 时，只要定时器 / 计数器控制寄存器（TCON）中的 TR0 或 TR1 为 1，T0 或 T1 被允许开始计数。

当 GATE=1 时，不仅要 TCON 中的 TR0 或 TR1 为 1，还要 P3 口的 /INT0 或 /INT1 引脚为 1 才允许开始计数。

② C/T：计数器或定时器选择位。

C/T=1 时，T0 或 T1 为计数器模式。C/T=0 时，T0 或 T1 为定时器模式。

③ M1 和 M0：工作方式选择位。

T1 控制				T2 控制			
D7	D6	D5	D4	D3	D2	D1	D0
GATE	C/T	M1	M0	GATE	C/T	M1	M0

51 单片机的定时器 / 计数器有 4 种工作方式，由 M1、M0 状态确定，见表 5-15。

表 5-15 定时器 / 计数器工作方式

M1	M0	工作方式	功能
0	0	0	为 13 位定时器 / 计数器，TL 存低 5 位，TH 存高 5 位
0	1	1	为 16 位定时器 / 计数器
1	0	2	常数自动装入的 8 位定时器 / 计数器
1	1	3	仅适用于 T0，两个 8 位定时器 / 计数器

（2）定时器 / 计数器控制寄存器（TCON）。

① TF1/TF0：溢出标志位。

当 T0 或 T1 溢出时，硬件置位（TF1/TF0=1），并向 CPU 申请中断。

当 CPU 响应中断时，由硬件清除（TF1/TF0=0）。

②TR1/TR0：运行控制位。

当 TR1/TR0=1 时，启动 T0 或 T1。

当 TR1/TR0=0 时，关闭 T0 或 T1。

③IE1/IE0：外部中断请求标志。

当外部信号产生中断时，由硬件置位（IE1/IE0=1）。

当 CPU 响应中断时，由硬件清除（IE1/IE0=0）。

④IT1/IT0：外部中断 0、1 的触发方式选择位，由软件设置。

当 IT1/IT0=1 时，下降沿触发方式。/INT0 或 /INT1 引脚上由高到低的负跳变可引起中断。

当 IT1/IT0=0 时，电平触发方式。/INT0 或 /INT1 引脚上低电平可引起中断。

定时器 / 计数器控制				中断控制			
D7	D6	D5	D4	D3	D2	D1	D0
TF1	TR1	TF0	TR0	IE1	IT1	IE0	IT0

3. 中断系统相关寄存器

（1）中断允许寄存器（IE）。

EA：中断总开关控制位。EA=1 时，CPU 开中断；EA=0 时，CPU 关中断。

ET2、ES、ET1、Ex1、ET0、Ex0 分别为 T2、串口、T1、外部中断 1、T0、外部中断 0 的中断开关控制位，置 1 时允许该项中断，清 0 时禁止该项中断产生。

要使单片机某项中断有效，必须使 EA 为 1，同时该项中断开关控制也为 1。

D7	D6	D5	D4	D3	D2	D1	D0
EA	—	ET2	ES	ET1	EX1	ET0	EX0

（2）中断优先级寄存器（IP）。

51 单片机的 6 个中断源可以被设为两个不同的级别，CPU 先响应中断级别高的中断源。中断优先级通过中断优先级寄存器 IP 中相应位的状态来设定。

PT2、PS、PT1、Px1、PT0、Px0 分别为 T2、串口、T1、外部中断 1、T0、外部中断 0 的中断优先级控制位，各项置 1 时为高级中断，清 0 时为低级中断。

D7	D6	D5	D4	D3	D2	D1	D0
—	—	—	PS	PT1	PX1	PT0	PX0

4. 定时器 / 计数器的初始化

在使用定时器 / 计数器前，应对它进行初始化，主要是对 TMOD 和 TCON 编程，还需计算和装载计数初值。一般完成下列几个步骤：

（1）确定定时器 / 计数器的工作方式：设定 TMOD。

（2）计算计数初始值，并装载到 TH 和 TL 中。

（3）定时器 / 计数器在中断方式工作时，必须使 EA 为 1，同时定时器中断开关控制也为 1。

（4）启动定时器 / 计数器——编程 TCON 中的 TR1 或 TR0 位。

5. 定时器计数初始值的计算

（1）当 f_{osc}=12 MHz 时，计算定时器计数初始值。

当工作在定时器模式下，定时器 / 计数器是对机器周期脉冲计数的，一个机器周期为 $12/f_{osc}$=1μs，则定时器不同方式下的最大定时时间如下：

方式 0：13 位定时器最大定时间隔 =2^{13} × 1μs=8.192 ms

方式 1：16 位定时器最大定时间隔 =2^{16} × 1μs=65.536 ms

方式 2：8 位定时器最大定时间隔 =2^8 × 1μs=256μs

若 T0 工作在方式 1，要求定时 1ms，计算计数初值。如设计数初值为 x，则：

$$（2^{16}-x）× 1μs=1000μs，$$

即 x=2^{16}-1000。

可计数得到 65536-1000=64536=0xfc18。因此 TH0=0xfc，TL0=0x18。

（2）当 f_{osc}=11.0592 MHz 时，计算定时器计数初始值

当 f_{osc}=11.0592 MHz 时，一个机器周期为 $12/f_{osc}$=12/11.0592μs，如工作在方式 1，要定时 t（us），设计数初始值为 x，则：

$$（2^{16}-x）× 12/11.0592μs =t，$$

即 x=2^{16}-11.0592 t/12。

例如：T0 工作在方式 1，要求定时 10 ms，则 x=2^{16}-110592/12，数据（2^{16}-110592/12）在单片机中存储时，占用 2 个字节，等效于（-110592/12），先将（-110592/12）强制转换为 uint 类型数据，再将其拆分为高、低 8 位，编译时可产生最精简汇编语句，提高定时精度。

因此，装载定时器计数初始值的 C51 语句为：

TL0=（uint）（-110592/12）%256;

// 去掉（uint），将导致计算结果错误

TH0=（uint）（-110592/12）/256;

◇**任务实施**◇

一、硬件电路搭建

本项目需在 YL-236 型单片机实训平台上选用四个模块：主机模块、电源模块和显示模块，搭建 TG 12864 显示系统。

1. 模块选择见表5-16。

表 5-16　本任务所需模块

编号	模块代码	模块名称	模块接口
1	MCU01	主机模块	+5 V、GND、P0、P1.0–P1.5
2	MCU02	电源模块	+5 V、GND
3	MCU04	显示模块	+5 V、GND、TG 12864 模块 RST、CS1、CS2、E、R/W、RS、DB0~DB7

2. 工具和器材选择见表5-17。

表 5-17　任务所需工具和器材

编号	名称	型号及规格	数量	备注
1	数字万用表	MY-60	1 台	专配
2	斜口钳		1 把	
3	电子连接线	50 cm	20 根	红色、黑色线各 3 根，其他颜色线 14 根
4	排线	30 cm	1 根	
4	塑料绑线		若干	

3. 电路搭建

结合 YL-236 型单片机实训平台主机模块和显示模块，按照图5-13所示连接电路。

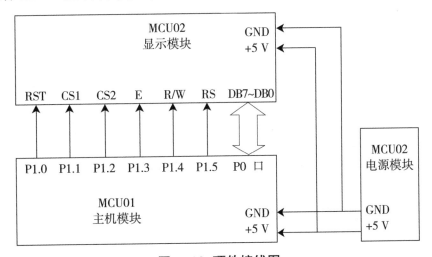

图 5-13　硬件接线图

主函数流程图如图5-14所示。

中断函数流程图如图5-15所示。

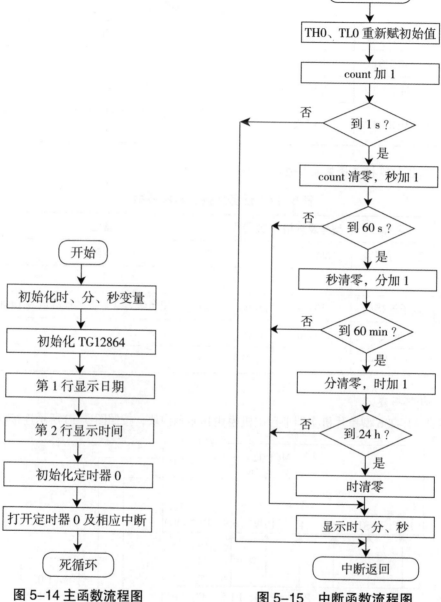

图 5-14 主函数流程图　　　　图 5-15　中断函数流程图

二、程序代码的编写、编译

（1）启动 Keil C51 编程软件，新建工程、文件并均以"clock"为名保存在文件夹中。

（2）在 clock.c 文件的文本编辑器窗口中输入程序代码。

（3）编译源程序，排除程序输入错误，生成 clock.hex 文件。

参考程序:

```
#include<reg52.h>              // 包含 89x52 头文件
#include<intrins.h>            // 包含 intrins 头文件
#include<zimo.h>               // 具体字模由取模软件获得
#define uint unsigned int      // 无符号整型定义
#define uchar unsigned char    // 无符号字符型定义
#define out0 P0                // 定义 out0 为 P0 口
sbit LCD_RST=P1^0;             // TG12864 复位端
sbit LCD_CS2=P1^1;             // TG12864 右半屏片选
sbit LCD_CS1=P1^2;             // TG12864 左半屏片选
sbit LCD_E=P1^3;               // TG12864 使能端
sbit LCD_WR=P1^4;              // TG12864 读(1)/写(0)信号选择端
sbit LCD_RS=P1^5;              // TG12864 数据(1)/指令(0)选择端

uchar hour, min, sec, count;   // 定义变量: 小时、分钟、秒、计数

void delayms(uint x)           // 毫秒级延时函数
{
    uchar i;
    while(x—)
    for(i=0; i<123; i++);
}

void busy()                    // 读忙信号
{
    uchar mang;                // 忙变量
    LCD_E=0;                   // 使能端无效
    LCD_RS=0;                  // 指令
    LCD_WR=1;                  // 读
    do
    {
        out0=0xff;
        LCD_E=1;               // 使能端有效
        _nop_();               // 等待一段时间让信号稳定后再读
        mang=out0;
        LCD_E=0;               // 使能端无效
    }while(mang&0x90);         // 若不忙则退出循环
```

```
    }

    void writeData（uchar x）              // 写数据
    {
      busy（）；                            // 读忙
      out0=x；                             // 将 X 写入 TG 12864 中
      _nop_（）；
      LCD_RS=1；                           // 数据
      LCD_WR=0；                           // 写

      LCD_E=1；                            // 使能端有效
      _nop_（）；
      LCD_E=0；                            // 使能端无效
      LCD_WR=1；
    }

    void writeOrder（uchar x）             // 写指令
    {
      busy（）；
      out0=x；
      _nop_（）；
      LCD_RS=0；                           // 指令
      LCD_WR=0；                           // 写

      LCD_E=1；                            // 使能端有效
      _nop_（）；
      LCD_E=0；                            // 使能端无效
      LCD_WR=1；
    }

    void lcd_x（uchar x）                  // 定位 x 坐标
    {
      writeOrder（0xb8|x）；               // 设置页地址
    }

    void lcd_y（uchar y）                  // 定位 y 坐标
    {
```

```
    writeOrder（0x40|y）;                    //设置y地址
}

void lcd_xy（uchar x，y）                    //定位
{
    if（y<64）                               //若列小于64在左半屏显示
    {
        LCD_CS1=1;                          //左半屏片选有效
        LCD_CS2=0;                          //右半屏片选无效
        lcd_y（y）;                          //写入y地址
    }
    else                                    //若列大于64在右半屏显示
    {
        LCD_CS1=0;                          //左半屏片选无效
        LCD_CS2=1;                          //右半屏片选有效
        lcd_y（y-64）;                       //写入y地址
    }
    lcd_x（x）;                              //写入x地址
}

void clrscr（）                              //清屏函数
{
    uchar i，j;
    LCD_CS1=LCD_CS2=1;                      //片选有效
    for（i=0；i<8；i++）                      //写8页
    {
        lcd_y（0）;                          //从第0列开始
        lcd_x（i）;                          //从i页开始
        for（j=0；j<128；j++）                //写128列
        {
            writeData（0x00）;               //输出数据0x00
        }
    }
    LCD_CS1=LCD_CS2=0;                      //片选无效
}

void initTG12864（）                         //初始化12864
```

```c
{
    LCD_RST=0;                          // TG12864 复位
    delayms（15）;
    LCD_RST=1;

    LCD_CS1=LCD_CS2=1;
    writeOrder（0x3e）;                  // 关显示
    writeOrder（0xb8）;                  // 页地址出初始化从 0 页开始
    writeOrder（0x40）;                  // 列地址出初始化从列开始
    writeOrder（0xc0）;                  // 显示开始线从第一行开始
    writeOrder（0x3f）;                  // 开显示
    LCD_CS1=LCD_CS2=0;
}

void writeHan（uchar x, y, z, uchar code *p）
                                        // 写一个汉字 16*16
{
    uint t=0;
    uchar i, j;
    for（i=x; i<x+2; i++）               // 显示一个汉字占两页
    {
        for（j=y; j<y+16; j++）          // 显示一个汉字占 16 列
        {
            lcd_xy（i, j）;              // 定位坐标位 i 页 j 列
            if（z==0）                   // 反白标志位 =0（正常显示）=1
                                        //（反白显示）
            writeData（p[t++]）;         // 输出正常字模数据
            else
            writeData（~p[t++]）;        // 输出反白字模数据
        }
    }
    LCD_CS1=LCD_CS2=0;
}

void writeAscii（uchar x, y, z, uchar code *p）
                                        // 写一个字符 8×16
{
```

```
    uint t=0;
    uchar i, j;
    for (i=x; i<x+2; i++)
    {
            for (j=y; j<y+8; j++)                    // 显示一个字符占 8 列
            {
                    lcd_xy (i, j);
                    if (z==0)
                    writeData (p[t++]);
                    else
                    writeData (~p[t++]);
            }
    }
    LCD_CS1=LCD_CS2=0;
}
void displayClock ()                                  // 时钟显示函数
{
writeAscii (4, 32, 0, shuzi_ZM[hour/10]);            // 显示小时十位
    writeAscii (4, 40, 0, shuzi_ZM[hour%10]);        // 显示小时个位
    writeAscii (4, 48, 0, shuzi_ZM[10]);             // 显示 " ： "
    writeAscii (4, 56, 0, shuzi_ZM[min/10]);         // 显示分钟十位
    writeAscii (4, 64, 0, shuzi_ZM[min%10]);         // 显示分钟个位
    writeAscii (4, 72, 0, shuzi_ZM[10]);             // 显示 " ： "
    writeAscii (4, 80, 0, shuzi_ZM[sec/10]);         // 显示秒钟十位
    writeAscii (4, 88, 0, shuzi_ZM[sec%10]);         // 显示秒钟个位
}


void time_0 (void) interrupt 1
{
    TL0= (uint) (-110592/12) %256;
    TH0= (uint) (-110592/12) /256;

    count++;
    if (count==100)                                  // 定时器为 10ms，当
                                                     //   count==100 时，
                                                     //   100x10ms=1000ms（1秒）

    {
```

```
        count=0;                        // 1 秒到，计数变量清 0
        sec++;                          // 秒加 1
        if（sec==60）                   // 若秒加到了 60 秒
        {
            sec=0;                      // 秒清 0
            min++;                      // 分钟加 1
            if（min==60）               // 若分钟加到了 60 分
            {
                min=0;                  // 分钟清 0
                hour++;                 // 小时加 1
                if（hour==24）          // 若小时加到了 24 小时
                hour=0;                 // 小时从 0 开始计时
            }
        }
        displayClock（）;               // 显示时间
    }
}

void main（）                           // 主函数
{
    hour=15;                            // 时钟初始值为 12 点
    min=36;                             // 分钟初始值为 00 分
    sec=0;                              // 秒钟初始值为 00 秒

initTG12864（）;                        // 初始化 TG12864
    clrscr（）;                         // 清屏
    writeAscii（2，8，0，shuzi_ZM[2]）; //2020 年
    writeAscii（2，16，0，shuzi_ZM[0]）;
    writeAscii（2，24，0，shuzi_ZM[2]）;
    writeAscii（2，32，0，shuzi_ZM[0]）;
    writeHan（2，40，0，hanzi_ZM[4]）;

    writeAscii（2，56，0，shuzi_ZM[0]）; // 05 月
    writeAscii（2，64，0，shuzi_ZM[5]）;
    writeHan（2，72，0，hanzi_ZM[5]）;

    writeAscii（2，88，0，shuzi_ZM[2]）; // 20 日
```

```
        writeAscii（2，96，0，shuzi_ZM[0]）;
        writeHan（2，104，0，hanzi_ZM[6]）;
            displayClock（）;
        TMOD=0x01;                          // 设定 T0 为模式 1，16 位定时计时器
        TL0=（uint）（-110592/12）%256;       // 设置定时时间常数
        TH0=（uint）（-110592/12）/256;
        ET0=TR0=1;                          // 中断开启
        EA=1;                               // 中断控制总开关，开启
        while（1）;                          // 主程序，死循环


    }
```

附：zimo.h 头文件内容

unsigned char code hanzi_ZM[][32]={

/*— 0 文字：欢 —*/

/*— 宋体 12；此字体下对应的点阵为：宽 × 高 =16×16—*/

0x14, 0x24, 0x44, 0x84, 0x64, 0x1C, 0x20, 0x18, 0x0F, 0xE8, 0x08, 0x08,
0x28, 0x18, 0x08, 0x00,

0x20, 0x10, 0x4C, 0x43, 0x43, 0x2C, 0x20, 0x10, 0x0C, 0x03, 0x06, 0x18,
0x30, 0x60, 0x20, 0x00,

/*— 1 文字：迎 —*/

/*— 宋体 12；此字体下对应的点阵为：宽 × 高 =16×16 —*/

0x40, 0x41, 0xCE, 0x04, 0x00, 0xFC, 0x04, 0x02, 0x02, 0xFC, 0x04,
0x04, 0x04, 0xFC, 0x00, 0x00,

0x40, 0x20, 0x1F, 0x20, 0x40, 0x47, 0x42, 0x41, 0x40, 0x5F, 0x40, 0x42,
0x44, 0x43, 0x40, 0x00,

/*— 2 文字：使 —*/

/*— 宋体 12；此字体下对应的点阵为：宽 × 高 =16×16 —*/

0x40, 0x20, 0xF0, 0x1C, 0x07, 0xF2, 0x94, 0x94, 0x94, 0xFF, 0x94, 0x94,
0x94, 0xF4, 0x04, 0x00,

0x00, 0x00, 0x7F, 0x00, 0x40, 0x41, 0x22, 0x14, 0x0C, 0x13, 0x10, 0x30,
0x20, 0x61, 0x20, 0x00,

/*— 3 文字：用 —*/

/*— 宋体 12；此字体下对应的点阵为：宽 × 高 =16×16 —*/

0x00, 0x00, 0x00, 0xFE, 0x22, 0x22, 0x22, 0x22, 0xFE, 0x22, 0x22, 0x22, 0x22, 0xFE, 0x00, 0x00,

0x80, 0x40, 0x30, 0x0F, 0x02, 0x02, 0x02, 0x02, 0xFF, 0x02, 0x02, 0x42, 0x82, 0x7F, 0x00, 0x00,

/*— 4 文字：年 —*/
/*— 宋体 12；此字体下对应的点阵为：宽 × 高 =16×16 —*/
0x40, 0x20, 0x10, 0x0C, 0xE3, 0x22, 0x22, 0x22, 0xFE, 0x22, 0x22, 0x22, 0x22, 0x02, 0x00, 0x00,

0x04, 0x04, 0x04, 0x04, 0x07, 0x04, 0x04, 0x04, 0xFF, 0x04, 0x04, 0x04, 0x04, 0x04, 0x04, 0x00,

/*— 5 文字：月 —*/
/*— 宋体 12；此字体下对应的点阵为：宽 × 高 =16×16 —*/
0x00, 0x00, 0x00, 0x00, 0x00, 0xFF, 0x11, 0x11, 0x11, 0x11, 0x11, 0xFF, 0x00, 0x00, 0x00, 0x00,

0x00, 0x40, 0x20, 0x10, 0x0C, 0x03, 0x01, 0x01, 0x01, 0x21, 0x41, 0x3F, 0x00, 0x00, 0x00, 0x00,

/*— 6 文字：日 —*/
/*— 宋体 12；此字体下对应的点阵为：宽 × 高 =16×16 —*/
0x00, 0x00, 0x00, 0xFE, 0x42, 0x42, 0x42, 0x42, 0x42, 0x42, 0x42, 0xFE, 0x00, 0x00, 0x00, 0x00,

0x00, 0x00, 0x00, 0x3F, 0x10, 0x10, 0x10, 0x10, 0x10, 0x10, 0x10, 0x3F, 0x00, 0x00, 0x00, 0x00,
};

unsigned char code shuzi_ZM[][16]={
/*— 文字：0 —*/
/*— 宋体 12；此字体下对应的点阵为：宽 × 高 =8×16 —*/
0x00, 0xE0, 0x10, 0x08, 0x08, 0x10, 0xE0, 0x00, 0x00, 0x0F, 0x10, 0x20, 0x20, 0x10, 0x0F, 0x00,

/*— 文字：1 —*/
/*— 宋体 12；此字体下对应的点阵为：宽 × 高 =8×16 —*/
0x00, 0x10, 0x10, 0xF8, 0x00, 0x00, 0x00, 0x00, 0x00, 0x20, 0x20, 0x3F, 0x20, 0x20, 0x00, 0x00,

/*— 文字：2 —*/

/*— 宋体 12；此字体下对应的点阵为：宽 × 高 =8×16　—*/

0x00, 0x70, 0x08, 0x08, 0x08, 0x88, 0x70, 0x00, 0x00, 0x30, 0x28, 0x24, 0x22, 0x21, 0x30, 0x00,

/*— 文字：3 —*/

/*— 宋体 12；此字体下对应的点阵为：宽 × 高 =8×16　—*/

0x00, 0x30, 0x08, 0x88, 0x88, 0x48, 0x30, 0x00, 0x00, 0x18, 0x20, 0x20, 0x20, 0x11, 0x0E, 0x00,

/*— 文字：4 —*/

/*— 宋体 12；此字体下对应的点阵为：宽 × 高 =8×16　—*/

0x00, 0x00, 0xC0, 0x20, 0x10, 0xF8, 0x00, 0x00, 0x00, 0x07, 0x04, 0x24, 0x24, 0x3F, 0x24, 0x00,

/*— 文字：5 —*/

/*— 宋体 12；此字体下对应的点阵为：宽 × 高 =8×16　—*/

0x00, 0xF8, 0x08, 0x88, 0x88, 0x08, 0x08, 0x00, 0x00, 0x19, 0x21, 0x20, 0x20, 0x11, 0x0E, 0x00,

/*— 文字：6 —*/

/*— 宋体 12；此字体下对应的点阵为：宽 × 高 =8×16　—*/

0x00, 0xE0, 0x10, 0x88, 0x88, 0x18, 0x00, 0x00, 0x00, 0x0F, 0x11, 0x20, 0x20, 0x11, 0x0E, 0x00,

/*— 文字：7 —*/

/*— 宋体 12；此字体下对应的点阵为：宽 × 高 =8×16　—*/

0x00, 0x38, 0x08, 0x08, 0xC8, 0x38, 0x08, 0x00, 0x00, 0x00, 0x00, 0x3F, 0x00, 0x00, 0x00, 0x00,

/*— 文字：8 —*/

/*— 宋体 12；此字体下对应的点阵为：宽 × 高 =8×16　—*/

0x00, 0x70, 0x88, 0x08, 0x08, 0x88, 0x70, 0x00, 0x00, 0x1C, 0x22, 0x21, 0x21, 0x22, 0x1C, 0x00,

/*— 文字：9 —*/

/*—— 宋体 12；此字体下对应的点阵为：宽 × 高 =8×16 ——*/

0x00, 0xE0, 0x10, 0x08, 0x08, 0x10, 0xE0, 0x00, 0x00, 0x00, 0x31, 0x22,
0x22, 0x11, 0x0F, 0x00,

/*—— 文字：：——*/

/*—— 宋体 12；此字体下对应的点阵为：宽 × 高 =8×16 ——*/

0x00, 0x00, 0x00, 0xC0, 0xC0, 0x00, 0x00, 0x00, 0x00, 0x00, 0x00, 0x30,
0x30, 0x00, 0x00, 0x00,

};

三、系统调试

系统调试的步骤如下：

（1）使用程序下载专配 USB 线将计算机的 USB 接口与单片机主机模块程序下载接口连接起来。

（2）打开电源总开关，启动程序下载软件，下载可执行文件至单片机中。

（3）观察 TG 12864 液晶屏显示效果，若实现任务要求，则系统调试完成；否则，需要进行故障排除。

◇任务评价◇

一、工艺性评分标准

工艺性评分标准如表 5-18 所示。

表 5-18　工艺性评分标准

评分项目	分值	评分标准	自我评分	组长评分
模块导线连接工艺（20分）	3	模块选择多于或少于任务要求的，每项扣 1 分，扣完为止		
	3	模块布置不合理，每个模块扣 1 分，扣完为止		
	3	电源线和数据线未进行颜色区分，导线选择不合理，每处扣 1 分，扣完为止		
	5	导线走线不合理，每处扣 1 分，扣完为止		
	3	导线整理不美观，扣除 1~3 分		
	3	导线连接不牢固，同一接线端子上连接多于 2 根导线的，每处扣 1 分，扣完为止		
小计（此项满分 20 分，最低 0 分）				

二、功能评分标准

功能评分标准如表 5-19 所示。

表 5-19 功能评分标准

项目	评分项目	分值		评分标准	自我评分	组长评分
提交	电路搭建	20	10			
	程序下载		10			
基本任务	12864 第一行显示正确	60	30			
	12864 第二行显示正确		30			

参考文献

[1] 闫肃.单片机原理与编程基础［M］.北京：北京科学出版社，2018.

[2] 周永东.单片机技术及应用（C语言版）［M］.北京：北京电子工业，2012.

[3] 季宝柱，李雪粉.单片机技能与实训［M］.北京：北京师范大学出版社，2019.

[4] 陈朝大.单片机原理与应用——基于KeilC和虚拟仿真技术［M］.北京：化学工业出版社，2013.

[5] 刘剑.51单片机开发与应用基础教程（C语言版）［M］.北京：中国电力出版社，2012.